愛犬三代
愉快三昧

山田義範

まえがき

幼い頃、父親が出征したため、番犬として犬を飼い、以来二十余年も犬と一緒に暮らしていました。

結婚してしばらくは途絶えたものの、昭和五十五（一九八〇）年、一戸建ての家を持ったことを機会に、再び念願の犬を飼うことにしたのです。

この本はその愛犬とのふれあいの記録です。犬は私や家族にとって心の支えとなり、悦びや笑い、そして教訓をくれています。それは癒しを越えた大きな贈り物です。以下は、我が家の愛犬三代記です。失笑、苦笑、微笑、大笑、感動の数々をお読みください。

この一冊に不幸な失踪を遂げた太郎への鎮魂の思いを込め、また、多くの悦びをくれた竜太や幸介に対する感謝の気持ちを盛り込みました。

そして日ごろ、不幸な犬・猫へ温かい手を差し伸べてくれている多くの方々への励ましになれば幸いです。

平成三十年（戊戌）十二月

山田　義範

愛犬三代　愉快三昧

＊

目次

初　代　天衣無縫の太郎

二代目　孤高の犬竜太

三代目　捨て犬幸介

写真　山田義範

初　代　天衣無縫の太郎

やんちゃな力持ち

昭和五十五（一九八〇）年、長年暮らした共同住宅から、一戸建ての家に住み替えた。間もない頃小学校二年生の次女朱実が、学校帰りに電信柱の、「子犬をあげます」という、張り紙をみて息せき切って帰ってきた。その日からおねだりが始まった。

私は三十歳ごろまで犬と一緒に暮らしていたので満更ではなかったが、猫好きで犬を飼ったことのない妻は戸惑った。ようやく渋る妻の同意を得て、早速張り紙の主のお宅へ赴いた。三人の子供と二人の甥を連れて、京王井の頭線三鷹台駅近くの神田川沿いにあるSさんのお宅だ。

タロウと呼ばれるその子犬は生まれてもう三か月以上も経っており、どういうわけか、数匹の子犬のうちの最後だった。いわば貰われ残りだが、そんなことはどうでもよかった。タロウは甘えん坊で母犬にまとわり付くが、朱実はそのタロウに手を伸ばし抱いて離さない。貰い受けることにした。

力強く活発な子犬だった。自転車の前篭に入れて帰ってきたが、篭をよじ登ろうとする。何度か制したが、ついにアスファルトの地上に転落した。すごい悲鳴と鳴き声だった。朱実が抱き抱えながら帰ったが、そのときの衝撃で、脳神経の一部が切れたのではないかと心配になった。

その後、タロウは頭部打撲のせいか、あるいは生来の気質なのか、ともかく能天気で天衣無縫の性格をむき出しにして育った。

タロウの母親は純粋な柴犬のようだが、察するにタロウは純柴犬に他の種類が混じった混血種のようである。たとえ

戯れせんとや生まれけん（古歌）だと？　ましてや犬はな……

ばある夜、他の犬の「夜這い」を受けて授かった子どものようである。タロウが一歳になる頃思い出すことが一つあった。神田川を隔てた対岸のある空き地に、シェパードが繋がれていることだ。さもありなん。私はタロウたち子犬の素性を推察した。

思ったとおりその頃になると、タロウはかなり逞しく力強くなっていた。中型とはいえ、容姿がどことなくシェパードに似ている。朱実が散歩に連れ出すのだが、ある日あまりの強さで引っ張られ、つんのめって転び、膝を擦り剥いて泣きながら帰ってきた。

跳躍力も出てきた。日ごろは庭に放し飼いにしているのだが、時折、一メートルほどの門のフェンスをよじ登り、当てどもなく彷徨する。あるいは、フェンスの下を掘り下げてくぐり抜けて出てしまう。ある日どこから逃げたのか、朱実の通う小学校まで行き、先生からの通報で妻がもらい受けに行ったことがある。温和でいたって気の良い犬だから、脇道を通る小学生の人気者で、ついていったのだろう。またある時は、近所の犬好きのおじさんから、「お宅の犬が三鷹台の駅に繋がれていますよ」と、連絡をもらい、これまた妻が引き取りに行ったこともあった。

だが案じていたことが起こった。私が名古屋に単身赴任中のこと、朱実から手紙が届いた。それによると、例によってタロウは脱走し、井の頭通りを横切ろうとして車にはねられ、悲鳴を上げて逃げ去ったという。小道にうずくまっていたところを、追跡していた長男隼人が見つけて連れ戻した。幸運にも、まったく無傷だった。その件は安心したが、家族には任せておけず、しばらくは仕事が手に付かなかった。

そんな気ままなタロウにも、「不幸」が一つあった。隼人やその友達のよいふざけ相手をさせられていたことだ。彼らは爆竹のような花火を鳴らし、タロウが怖がって逃げ惑う姿を楽しんでいた。タロウにしてみればたまったものではない。そんな彼らは、犬以外の虐めはせず、まともに育ち、立派な大学を出、相応の職に就き、上等の大人になった。まったくタロウのおかげであった。

朱実ちゃんの母性は育まれ　隼人君は悪ふざけ程度で済んだ
だからおれのおかげで二人は健やかに育ったんだよ

虐めのせいでタロウは大変な代償を背負わされてしまった。「パン・パーン」という音を聞こうものなら、気が狂ったように逃げ惑う。当然のことながら、雷の音にも敏感になってしまった。幼少時の花火のトラウマが昂じて、雷鳴やその前触れの稲妻も怖がった。哀れタロウは、切れ掛かった街灯の点滅をも稲妻と勘違いし、怯える始末であった。

ある夏、一週間の休暇を、妻と二人で長野県の白馬山麓で過ごすことにした。部活や受験を控えた三人の子供たちは留守番をすることになったが、タロウをどうするか。彼らでは十分に面倒を見切れまい。おふくろの部屋の出入り口に繋がれているタロウを一週間も放っておけば、おふくろも迷惑だ。では、ということでタロウを乗せて車で出かけた。

林あり、藪あり、草原ありのこの自然の中の散歩をタロウは満喫した。二時間余りかけ延べ七～八キロもほっつき歩いた。連れて来た甲斐があったなと、私も満足であった。

ところがある夜、この山岳地帯では経験したこともない凄《すさま》じい雷雨となった。窓ガラスが割れんばかりの雷鳴、屋根をも打ち抜きそうな雨の弾丸……。気が付くとベランダの下に伏せているはずのタロウがベランダに上がり半狂乱になって窓ガラスを引っ掻いている。さてどうしたものか。三十年前のその当時、犬を家の中に導くことなど考えられなかった。観念してもらうしかない、やがて諦めるだろう。私はタロウを玄関前の吹き込みのない空間に繋いだ。

しかし翌日扉を開けると、鎖は垂れ下がり、その先に首輪が虚しくぶら下がっていた。心臓に強い一撃を覚えた。「タロウ失踪」の一報に、電話口の向うで朱実は号泣した。

それから三日間はタロウ探しに終始した。今まで散歩したあらゆる路、祠の中まで覗き、名前を呼びつつ歩き回った。だが虚しかった。雷に追われて大町の方角に逃げ失ったのか？　狂乱と衝撃のあまり野垂れ死にしたのだろうか？

休暇の最終日、白馬村の保健所に「捕獲したら連絡してほしい」と届け出て、やむを得ず帰宅の途に付いた。失踪したタロウを残したまま。

家では案の定、子供たちの一斉射撃が待っていた。

「パパが連れて行ったのがいけないのよ」

次女の朱実が口火を切った。

「だって、君たちだけでは面倒みきれないと思ったからさ」

「なぜ玄関にでも入れなかったの？」

長女の香織が追い討ちをかける。

「洞穴《ほらあな》のような縁の下があったからさ」

私は、ただひたすら低姿勢で釈明に努めた。

秋になって、二度ほど、私たちは白馬へ行った。だが、やはり捜し出すことはできなかった。もしや彼が帰って来たときのためにと、縁の下に置いてきたドッグフードの袋は、口をあけたまま、中身をのぞかせていた。

明くる年も、我々一家は白馬で正月を迎えた。

「タロウはどうしているかしら」

降り積もる雪を眺めながら妻がつぶやく。私は重苦しい気分で、「ウーン」と唸り、相槌を打つ。そして、「この雪ではなー」と、力なくつけ加える。(たぶん、今ごろはあの世で、花園を駆け回っているだろうよ)。喉まで出かかったその言葉を飲み込んで、私も、降りしきる雪を見詰めるだけであった。

香織ちゃんの散歩は遠く　井の頭公園まで連れて行ってくれるよ

あのとき部屋に入れてやればよかったのだ。私はつぶれんばかりの胸を抱え後悔した。どれほど後悔しても悔い足りず、何度謝っても謝りきれるものではなかった。この憐憫と悔悟の念は今もって変わらない。

二代目　孤高の犬竜太

されど子犬よ

再び犬を飼いたくなったのは、平成元年の夏である。前の飼い犬のタロウが失踪してから一年が過ぎ、心の中で私なりの一周忌を済ませていたからである。だが、妻がなんというであろう。はたして、今度こそ子供たちが十分に面倒をみてくれるであろうか。私の不安に反して、みなの反応はすこぶるよかった。

ちょうどそのころ、妹の家から電話があった。「迷い犬が入ってきたのだけど飼ってみない。写真を送るわ」というのだ。温和で人懐っこい雌のシェルティーだが、かわいそうに、長い放浪生活のストレスのためか、体の数箇所に円形脱毛があるという。その話を聞いたとたん、私はある種の霊感に捉われた。前の飼い犬、タロウを思い出したからだ。タロウの亡霊がこの犬に乗り移り、妹を介して私の身辺に近寄ってきているにちがいない、というインスピレーションがわいたのだ。私は、タロウの供養のためにも、ぜひこの犬を救ってやりたい、と考えた。だが、そんな話を家族にしても、みな、生物の輪廻や運命の巡り合わせなどちゃんちゃらおかしいという態度だ。挙句のはては、「せっかく飼うなら、子犬のときから育てたい」という。ついに、私は変人扱いにされ、笑いものになるだけで、あえなく敗退させられた。

これがきっかけで、妻や娘たちは、近くのペットショップをのぞいて歩くようになった。犬は貰って飼うものだとばかり思っていた私は、にがにがしいかぎりであった。現に私の実家では今まで何匹もの犬を飼ったが、あのタロウをふくめて全部貰い犬であったのだ。

他方、ペットショップの子犬はみな血統書付きで高価だ。種類にもよるが、当時十万円以上はした。また、ショップの店主は口がうまい。妻たちは、彼の、「十五年はつきあうのだから、少々高くても良い犬を飼わなくては」という言葉に、徐々に乗せられていった。雑種しか飼ったことのない私は、ますます複雑な気持ちになった。そんな私の思いをよそに、香織（長女）は日本犬がよいといい、朱実（次女）は洋犬がほしいという。結局、散歩に連れ出すには小型犬が適当よ、という妻の意見をいれて柴犬を飼うことにした。

そうこうしている折、九月十五日（平成元年）に新宿のあるデパートで子犬のセールがあるという新聞の折り込み広告が入ってきた。二人の娘は浮足立ってでかけた。ヤールというからには多少は安いのだろう。期待している私のもとに、娘から、「気にいった犬がいるからきてよ」と、いう電話が入った。

　売り場は屋上で、人出はものすごかった。百匹ほどの子犬が展示されている。屋上とはいえ、風はなくむし暑い。薄曇りながら、午後二時の照り返しはまだ強い。犬を入れた金網の上には、日よけの覆いがあるものの、前後左右から容赦なく熱気が入りこむ。喧噪と熱気の渦の中で子犬たちは辟易していた。中には愛想よくしっぽを振り、じゃれるように寄って来る犬もいる。だが多くは、「もうまいった」と、いわんばかりに荒い呼吸で目を閉じ、伏せている。「なんとかしてくれ」と、訴えるように何匹かが鳴き叫ぶと、近くの犬がこれに呼応する。ついにある犬が叫びながら倒れ、失神した。たまりかねたおばあさんが、「大変だ！　ちょっと来て!!　何とかしてやっておくれよ！」と、係員をつかまえてすごい剣幕で抗議している。

　のぼせ上がりそうなその雰囲気の中で、やっと娘たちを見つけた。だが、もうお目当ての犬は売れてしまっていた。一般のペットショップよりは二割ほど安いからか、売れゆきがよいのだ。足早に広い売り場を行き来し、次の候補を探し求めた。すると、会場の片すみに隔離されたように、一匹だけで横になっている柴犬の子が目にとまった。ほかよりも幼く小柄なその雄犬は、私に気がつくと、ゆっくり頭を持ち上げ、ものうげに目を開いてしばらく見つめていた。だが、あくびをすると再び目を閉じ、横になってしまった。ぐあいが悪いのかな？　いや、そうでもなさそうだ、その証拠に鼻がよく濡れているじゃないか。すると「われ関せず」の心境なのだろうか。どことなく孤高の風情で、健気な姿だ。私は興味をおぼえて観察し続けた。そして次第に、ほかの柴犬とは異なったその容貌に惹かれていった。

体は灰色がかった茶色で、けっしてよいとはいえない。からだ全体が細身で、顔は面長だ。耳は比較的大きく、しっかりと立っている。目は円く大きいが眦《まなじり》が少々下がり、何かに当惑したような表情だ。目から鼻の手前にかけての口のまわりは黒々としており、まるで黒いベルトをはめたようだ。そして、鼻の頭はさらに黒く、湿って大きい。総じて渋面だが、一見、漫画にでも描かれそうな犬のようにも見え、愛嬌をおぼえる。だが、まわりにいる赤茶色で、丸まると太り、耳は小ぶりな柴犬の子とはかなり違っている。この痩せて灰色で愛嬌のない犬では売れないかもしれない。売れ残れば、やがて扼殺されてしまうのではなかろうか。私はその犬が哀れになった。

「本当に柴犬かい？　栄養不良じゃないだろうな？　ひょっとして、熱射病にかかってはいないかい？……」私は、会場に出張している獣医にあれこれたずねて納得すると意を決して、この犬を買い求めた。

犬には「竜太」という名前がつけられた。この名前はどうだろう、いやそんなのいやだという家族会議の結果である。そして、「リュウちゃん」という愛称がつけられた。

リュウが我が家に来たてのころ、環境が変わってストレスが強まったせいか、湿疹に見舞われた。獣医の助言どおり泥や埃から皮膚を護るため、勝手口の上がり場に置いたのだが、これがその後の彼の住まいを決定することになった。彼は、当然家の中に住むものだと思い込み、勝手口から食堂のあたりに居座ることになったのだ。そして、毎日我々と生活を共にするうちに、我が家の次男坊のような地位におさまり、いつしか家族の中心的存在になってしまったのだ。

そのころ、子供の教育をめぐって夫婦間で何度もいさかいがあった。でも、「ところで今日、リュウはたっぷりうんちをしたかい？」と私が問うと、いつしか雰囲気はほぐれ、この犬を中心にして夫婦の会話が広がっていった。

何を聞いても、「べつに」とか、「まあネ」などとしか答えなかった、予備校生の隼人（長男）は、「こいつ、おれの顔を見ると逃げだすんだ」などと言いながら、リュウを追いかけまわす。

学校のことをあれこれ聞くと、「どうでもいいでしょ！」と、とげとげしく答える高校生の朱実も、「リューちゃーん」と言っては、犬を抱き上げ頬ずりし、それを契機に親との会話が始まるのであった。

要するにリュウは、わが家の会話の原点となっていた。子供が親離れを始めるころよくある、家族の間の絆の緩みやほころびが、この犬の闖入によって確実に締まり、繕われつつあったのだ。

「たかが犬ころ」と、お笑いくださるな。「されど、子犬よ」といいたい日々であった。

ヤッター俺の小屋！　よっ　凛々しいぞ！

えらいぞちび助

　ミカンを入れたダンボール箱を二つつなげて、リュウの仮小屋を作った。一つの箱に天井をつけて洞穴のようにしてやり、もう一つの箱は天井なしだが、片隅に小さな出入り口をつけてやった。中には新聞紙を小さく切って敷いてやり、おしっこで濡れるため、ときどき取り替えてやる。しばらくの間、テレビを見ながら紙吹雪を作ることが、私の日課となった。

　だが、リュウはなかなかの清潔家である。やがて自室でおしっこはしなくなり、のこのこ出てきては隣接した食堂の片隅でたれ流すようになった。その場所がほぼきまっているので、そこに厚手のダンボール紙を敷き新聞紙をのせて子犬専用のトイレを作る。リュウをその上にのせ、赤ん坊のおしっこのように「シーッ、シーッ」と促すと、何度目かに、暗示にかかったようにチョロチョロッと放尿したのである。

さて、その翌朝が楽しみだった。結果やいかにと食堂に入ってみると、新聞紙に大きなしみができていた。私は思わず喚声をあげて手をたたいた。糞も同じであった。朝晩庭に出すと、隅に小指大ほどのものをした。だがやがて、庭も自分の生活領域と知るに及ぶや、散歩先の空き地でないとしなくなった。ともかく小さいときから、下の世話についてはまったく楽であった。

ところで、この犬は人見知りをする。人間という大きな動物に警戒心をもっているのだ。みながもの珍しがって抱き上げるが、小刻みに震え、下ろしてくれといわんばかりに、「クックッ」と、鳩のように鳴く。やがて馴れるかと思いきや、大きくなるにつれてますます逃げ回り、捕まえるのが容易でなくなった。食卓の肉切れをやろうとしても、まるで狸の餌づけのようである。一歩、二歩と用心深く寄ってくる。鼻をひくひく動かしながら、思いきり首を伸ばし、餌をくわえ取ると、さっと身を引き安全な場所にさがる。そして、毒味をするかのように少しずつ食べる。

しかし、私や子供たちにはよそよそしいリュウも妻にだけは別だ。いつもいっしょにおり、朝の散歩に連れていってもらい、餌をもらうからだ。彼女にはあちこちついて歩く。要するにリュウは、自分の保護者（主人）は一人だけで、それはほかならぬ妻だと決め込んでいるのだ。そして、その他のだれにも媚を売らない。その忠誠心がにくい。そんなに慕われている妻だが、仕事のために週に何日か外出する。ところがリュウは、ガラス戸越しにじっと見つめ、送り出すだけだ。あっさりしたもので、鳴き喚くわけでもなし、後を追うでもない。夜になっても、暗くなった部屋の片隅にうずくまりながら、妻の帰りを待ち続け留守居をしている。孤独にもめっぽう強かった。

ところで、リュウが我が家にきて間もないころ、はらはらする出来事がおきた。リュウが突然、「クークー」と、鳴きながら、小走りに食堂の中を行ったり来たりし始めたのだ。どこか苦しそうでもある。今まで見たこともないその異常な行動に、「どうしたの、リューちゃん。どうしたの！」と一同は叫び、おろおろするばかりであった。するとしばらくたって食堂の片すみの水皿に走り寄り、一所懸命水を飲み始めた。ものの数秒で、リュウはまるで嘘のように落ち着いてしまったのだ。

「なんだ？　パンを喉に詰まらせたのか？　それにしても、だれに教わるでもないのに、水を飲んで流し下すとは……。すごい本能だ」

私の言葉に、一同はただ感じ入るばかりであった。

これには、後日談がある。あるとき大きめのパンをやったら、それをくわえて、「クークー。クークー」と、鳴きながら隣の部屋へ行ったり戻ったり、あげくの果ては二階にまで上がって行く始末であった。私は、「パンは食べたし、喉詰まりは怖し。どうしよう、どうしよう」という様子だなと、言って笑った。そのうろたえる様子がおもしろいので、子供たちはときどきわざと大きめのパン切れをやる。大人になった今でも、リュウは大きなパンをくわえると、鳴きながらうろたえる。一度怖い目にあった幼時体験は絶対に忘れないのだ。本能に裏付けられた、すごい自衛力だ。

古来犬は、狩猟の手伝い役として人間と共に生活をしてきたといわれる。そして今日までさまざまな野生の本能が受け継がれてきたのだ。リュウの体にも、そんな血が流れているのであろうか。

ともあれ、生まれて一か月ほどで母親から引き離され、健気に生きようとしているこの子犬が愛おしい。

石の上にもう３年か　いや５年でもいい　ひんやりして気持ちいい

「みろ、この鋭い自衛本能。自活力。そして、孤独に強いその精神力を、……」

これら本能の薄らいだ我が子を前に、私は語りかける。だが彼らは、無心にテレビに見入るだけで、素っ気ない。

文明を享受し過ぎた彼らには、もはや私の言葉など通じないのである。

光栄の至り

リュウは我が家で飼う、初めての血統書つきの犬である。家族からせがまれてやむなく大枚十万円をはたいたときには、「清水《きよみず》の舞台」から飛び下りた気持ちであった。

ところが、自分の懐を割いて求めた犬となると、特別な愛情がわいてくるものだ。この犬の欠点とおぼしきところも、長所に見えてくるからおもしろい。

リュウはしっぽを振って媚びを売るようなことはしない。皆はそこが不満だが、私は、「幼いながら、あっぱれな風格だ」と、ほめてやる。好物の肉切れを与えようとしても、慎重に身を乗りだし、くわえ取るやすばやく部屋の隅にひきさがって食べる。散歩に連れ出すと、ものの二百メートルも行かないのに、帰りはじめる。妻は、「臆病ね」と言うが、「いや、帰巣本能が強いのさ」と、私は弁護してやる。

ところで、肝心な血統書がなかなか届かない。

「インチキだったんじゃない?」

「こんなに灰色がかった体毛……、本当に血統書通りかしら?」

みなは、次第に疑いの目をもってリュウを見つめるようになった。

「ウーン。でも、信用あるデパートが売ったものだからな……」

私は返答に窮した。

三か月もたったころ、ようやく件の血統書が届いた。みなはもどかしげに封を切り、額を寄せあって覗きこんだ。発行人は、「社団法人　日本社会福祉愛犬協会」とある。どうやら権威がありそうだ。

「へー、リューちゃんは愛知県西尾市の生まれなの!」

「お母さんが二歳のときの子だよ」

「三匹兄弟の中の一匹だね。雄が二匹、雌が一匹の……」

今まで不満げだった家族は、この本物のブランド商品にすっかり満足してしまった。

一歳ちかくなると、灰褐色だったリュウの体毛は茶褐色に変わり、毛並みはいっそう艶やかになってきた。喉から胸にかけての毛はふさふさと生えそろい、いちだんと白さを増してきた。手を取って立ち上がらせると、純白のワイシャツの上にえんじ色の蝶ネクタイ(首輪)を締め、茶色のタキシードを着た立派な紳士だ。体形も、節度をもった食事のおかげで、全体にスリムである。そして、肩の部分の肉付きはよく、尻にかけての形はいわばV字形だ。私は、その容姿に惚れ惚れとした。

ある日私は、再び興味深くリュウの血統書を眺めていた。父親は「金太郎」。そして、そのまた父親は……と、名前をたどってゆく。父方の四代前の親（つまり祖父のまた祖父、高祖父）は「秀吉」という。その文字をみた瞬間、私はどこかで聞いた名前だと、気になった。もしや……と、急いで『柴犬』（誠文堂新光社刊）という本を開けてみた。

はたしてそこに、秀吉号の記事が出ていたのだ。いわく、「信州麒麟荘の生まれ。九州の飼い主に渡り、後に総理大臣賞を獲得した……」と、ある。

「エーッ!?　これはなかなかの血筋じゃないか」

私は、「大当たりだ!」と、叫びたくなった。そして、その本にある秀吉号の写真をつくづく眺めた。細めの胴体からは俊敏そうな四本の足が長くのび、尾は右に一回り強く巻いている。額は広く、顎は張っているが、頬から口先にかけてはしまって長い。耳は三角錐のようにしっかりと立ち、細長い目の端はやや上がりぎみである。

秀吉号のちょっと首をかしげて、眩しそうにこちらを見ているその姿は、リュウにそっくりだ。いや、リュウがときどきそんなしぐさをするのだ。

リュウの血筋は、まぎれもなく一級品だ。

「どうだかね。四代も過ぎれば、ただの犬よ」

妻は笑う。だが、私は、宝くじの一千万円を当てた気分になってしまった。それもそのはずだ。仕事にしても何にしても、私は幸運というものにめぐり合ったことがなかったからだ。また、自分自身や家族のことでも、何一つ自慢できるものを持っていなかったからだ。そんな私にとって、この犬の血筋のよさは唯一自慢のたねとなった。

リュウと散歩に出ると、「まあー、毛並みのよい犬ね」と、声をかけられる。「まるで子鹿のバンビのよう」とも、褒められた。ある愛犬家は、「こ

この写真「犬の日めくりカレンダー」に採用されたんだ
まさに光栄の至りだ

んなにしっかりしっぽを巻いた犬は珍しいよ」と、感心していた。そのつど、私は面映ゆさを感じながらも、「この子の四代前は、総理大臣賞を貰った犬でして……」と、口にしてしまう。妻からは、「みっともないからおやめなさいよ」と、諭されるが、いざその場になるとつい口をついてしまう。

ある日、リュウと散歩に出ると、お向かいの老婦人とばったり顔を合わせた。外交辞令の上手なそのお方は、たっぷりリュウを褒めてくださった。その言葉にのせられた私は、我慢できずに、つい「例の一言」をもらしてしまった。

老婦人は、深々と頭を下げてのたまった。

「まあ、そのような由緒正しいお犬様の前に住まわせていただいて、光栄でございますわ」

ぼくのせいじゃないよ

相変わらず、リュウは懐かない。いつもいっしょにいる家族にですらだ。家にきた直後、子供たちがもの珍しげに抱き上げたが、落ち着かぬ様子で腕から出たがった。「どれどれ」といいながら、私も握りこぶし三つほどのこの子犬の体を抱き上げる。私の腕の上で踏ん張る四つ足の骨は、か細く頼りない。胸に抱えられた体は小刻みにふるえている。静かにしているが、その目は不安げにだれかに救いを求めている。そしてついに、かすかな声で「クーン」と鳴く。やむなく床に下ろすと、一目散にダンボール箱の自分の小屋に逃げ込んでしまう。犬ならみな、しっぽを振って愛嬌をふりまくと思いこんでいた子供たちは、あてがはずれてしまった。

「子犬だから怖がるのさ。こうして家の中で一緒に暮らしていれば、やがてなれるよ」

私は弁護してやる。だが成長しても、人を避けたがる彼の態度は変わらなかった。

半歳のころになると機敏になって、捕まえるのも容易ではなくなった。予備校生の隼人が、食堂から玄関ホールを走り抜けて応接間へと追いかけてゆく。だがリュウは、五条の欄干の牛若丸よろしく、うまくかわす。皆は嬌声を上げながら犬を追いかけまわすのだった。しからばと、私は一策を案じた。無心に餌をほおばるリュウの首に、散歩用の紐をつけた。彼はその紐を引きずりながら動き回っている。さあつかまえるぞ、というときはその紐を踏む。機敏さの勝負だが大方これでこちらの勝ちだ。

そんな犬も、妻となると別だった。リュウはいつもいっしょにおり、餌を貰う彼女を自分の親だと思いこんでいる。だから、彼女にはあちこちついてあるく。台所に立てば、その足元に伏せて、スリッパをかじったりしている。彼女が二階の自室で仕事をしているときは、その脇で寝そべっている。ベランダで物干しをすれば、ついて上がり、隅の植木鉢を倒していたずらをする。外出しているときは、彼女のベッドの上で昼寝をして、ひたすらその帰りを待つ……、といったぐあいだ。ともかく、妻以外には誰にも媚びないその態度は、いっそう子供たちの気をもませ、欲求不満をつのらせた。

犬は一年たつと成犬だ。そのころになると、リュウは妻のもとへもあまり寄りつかなくなった。要するに親離れをしたのだ。二階の和室で日なたぼっこをしている。かと思うと、一階の応接間のソファーに伏せ、肘掛けにあごをのせて外を眺めている。つまり、家人とはあまりかかわりをもたず、勝手気ままに家の中で暮らすことが好きになってしまったのだ。

そのくせ、こちらが食事をしていると、匂いを嗅ぎつけてやってくる。前足で食堂の戸をひっ掻く。寡黙なせいかめったに吠えず、動作で「入れてくれ」と、いう意思表示をするのだ。とくに、肉の匂いには敏感だ。後ろ脚で立ち上がり、左前足を椅子にのせ、右前足でチョイチョイと私の腕を掻く。目を円く輝かせ、耳を斜め後ろに引き、強く巻いた尾をわずか左右に動かしながら……。そんな姿をまのあたりにしたら、だれでも甘くなるというものだ。

散歩がしたくなるとうろうろし始め、やがて妻のスカートをくわえて引っぱる。私が、「お散歩かい？」と、問うがもじもじしている。「何とか言ってごらん」と、繰り返し尋ねたあげくにようやく控えめな声で、「ウウー、ウォ、ウォッ」と、ほえる。私は、「もっと元気な声で！」と、叱咤するときもあるが、たいていこちらが根負けして連れ出す。

そのころは、成犬になりたてで活発であった。隼人が留守居のおりに、リュウは、「庭に出してよ」と、よくせがんだらしい。隼人は、「こいつ、ふだんは俺から逃げ回っているくせに、現金なやつだ」と、しきりにぼやいていた。媚を売らず、自己中心的なところは猫にそっくりだと、みながいう。私も、「キャッグ（猫的犬）という種類の動物だよ」と、しゃれを言っていた。

　ところで、この犬に対する家族の思い入れは、少しずつ違っていた。

　妻は潜在意識の中で、この犬に孫の代役を期待していたようだ。年ごろの長女香織は、母性愛の対象にしたいらしい。受験勉強で味気ない日々を送る隼人は、穏やかで温かい心の交流を求めていたようだ。高校生の次女朱実は、愛撫を甘んじて受けいれるペットをのぞんでいたので、欲求不満があったようだ。かく申す私も何を隠そう、子供に離反されていた当時、無邪気で忠実な相手を求めていたのだ。

　だが、と私は考える。それは人間の勝手な要求だ。動物がいちいちそれに応え

正月早々困っちゃうよ　親父さんの悪戯には

るのは、やりきれまい。やれ、懐かない、愛嬌がない、それ身勝手だ、マイペースだなどと言っても、これがこの犬の性格なのだから仕方がない。いや、柴犬特有の性《さが》らしい。親から貰った、そしてご先祖様から代々受け継いだものだから仕方がないのだ。

「なあ、おまえのせいじゃないよな！」

私は、ソファーの上で無心に眠るリュウの顔を、つくづく眺めて言った。

本能を磨く

夕食後の九時ごろ、リュウを散歩に連れ出すことが、私の日課になった。リュウは玄関を出ると、きまって身震いをする。まず、思いっきり頭を左右に振り回す。首輪に付けた金属の鑑札が「チリチリチリ……」と、鳴る。三、四秒のうちに、この動作を首から肩へ、肩から腹部、そして臀部へと移してゆく。左右に遠心力のついた腹部の強い揺れのため、後ろ脚が左、右と持ち上がる。まだ幼犬で、慣れないころのこの仕草が滑稽で、かわいかった。

この動作も、一歳を過ぎるころよりうまくなった。

少々腰を落とし、後ろ脚をやや開きかげんに踏ん張りながら、頭を回し始める。動作はリズミカルに、波のように臀部へと伝わってゆき、「ブル、ブル、ブル……」と体が鳴る。見ている方も、自分の欝血が振り払われるようで気持ちがよい。

身震いが終わると、東南の角にある我が家の植え込みにたっぷりオミキをかける。他所ではオミキ袋は開かせない。習慣になると始末の良い犬だ。次は、「利きザケ」の部に移る。アスファルトの路面に鼻をすりつけんばかりにして、微かに残る匂いを嗅ぎながら東に進む。ときには二、三歩戻っては念入りに確かめる。

いったい何を嗅ぎ分け、楽しんでいるのか。森羅万象の匂いにどんな教えがあるのか、私にはさっぱりわからない。だがこれは、犬の本能であり欲求なのだ。

犬の散歩は、彼らの生来の能力（嗅覚）も磨いてやることだ。そこで私は、リュウの思いどおりに歩いたり、走ったり、止まったりしながら、我慢強く付き合っている。

だがそんな私の脇を、犬を引っ張りながら、ただひたすら自転車を走らせてゆく者がいる。「なんと心ない主人め。気の毒な犬よ」と、私はつぶやき、「なあー、おまえ」と、リュウの顔を覗きこむ。リュウは少々首をかしげ、けげんそうに私を見つめるが、再び地面を嗅ぎまわり先へと急ぐ。

もう一つ大切なことがある。犬の帰巣本能を磨いてやることだ。リュウの頭の中のナビゲーターに、我が家の位置を記憶させ、どう進んだら帰れるのかを推理させる訓練をした。

生後二か月で我が家に来たばかりのときは、あまり外に出たがらなかった。

最初のころは、家の前の道路をまっ直ぐ北へ向かい、ただ往復するだけであった。二百メートルほど先の空き地で用を足すと、踵を返し、そそくさと家に帰り始める。これでは運動にならない。いったん家の前に戻ったところで、なだめすかして、こんどは逆に南の方向に連れてゆく。最初のうちは、この直線上の往復行動だけであった。

一か月ほど経ったところで、角を曲がりL字形に歩ませることを仕込み始めた。さてどうやって戻るかな。私の興味に応えるように、リュウは同じ道を逆にたどって戻る。よしんば、幾つかの交差路を越したとしても、どの角を曲がったら帰れるのか、ちゃんと覚えている。

やがて、東西南北に幾筋も交差しあう町中を、コの字形、ロの字形に行動することを教えこんでいった。半年もしたころ、リュウの頭の中に、我が家を中心にした位置感覚ができあがった。

この頃になると、勘はいっそう鋭くなった。わざと、二つのロの字の角と角を付け合わせたような複雑な行路を歩ませてみる。リュウは交差路ごとに立ち止まり、しばらく耳をそばだて、鼻をうごかしながら考えている。だがやがて、さっと身を翻し、さっき来た道を逆にたどりながら戻り始めるのだった。

めでたく家にたどり着くのを待ちかねて、私は、「よーし、えらいぞ！」といって、頭を撫でまわし、頬ずりしてしまう。

リュウの用心深さや帰巣本能は格段に強い。これは柴犬の特長だともいわれるが、日ごろの訓練のおかげでもあろう。

犬は、ただ運動のためだけで散歩に連れ出すのではない。「利きザケ」など本来の嗅覚本能を満たしてやることも大切だ。そして「縄張り」を教え、大いに帰巣本能を磨いてやることだ。

知ってるよ　渋柿なんだろう？
これも「日めくりカレンダー」に採用されたんだ

友達ができた

夜の九時前後は、近所の飼い犬の散歩時刻だ。

そのころ私も、リュウを連れて出る。

西荻窪の住宅街は、道幅がわずか四、五メートルほどのところが多い。そこでは、すれ違いざまに犬同士が吠えあい、喧嘩を始めることもある。だから、飼い主はお互いに手綱を引き寄せ、道を譲り合って通る。

その際、相手の飼い主が男だと、大概は無言のままだ。中には、自分の愛犬が関心ありげにリュウに近づこうとしているのに、不機嫌そうな声で叱り、力ずくで引き去る者もいる。

「いったいどうして、男はこうも無愛想なのだろう」

私のつぶやきに、「そういえばそうね」と、妻が頷く。

「男性は照れ屋が多いのかしら？」

「うーん。会社や取引先でさんざん喋り捲って、もううんざりしているのだろう」

この点、クックちゃんの飼い主の大林氏は例外だ。三十代、中背のふっくらした体つきの人で、近所で金属の切削加工をしている職人さんである。何よりも、パンチパーマの円顔におさまった垂れ目がよい。その目はいつも微笑を浮かべている。

ある冬の夜、前方の暗闇から駆けて来る人影が見える。何やら白い物が、「シャリ、シャリ、シャリ……」という音をたてて、時計の振り子のように揺れ動いている。あれはシャベルを入れたポリ袋じゃないかな。黒いガニマタ姿が見えてくる。そのすぐ前をまっ黒な犬がリュウを目指して走ってくる。

（大林氏とクックちゃんに違いない）

果せるかな、耳がたち、黒く長めの毛の生えた中型犬はクックちゃんだ。大林氏は、いつもダークグレイのトレーナー姿だが、今夜は寒いので綿入れ半纏も羽織っている。

リュウは、雌犬にだけは愛想がよい。近寄るクックちゃんに顔を向け、前後左右に跳びはねて関心をそそる。リュウとクックちゃんの戯れあいが始まる。

クックちゃんは、リュウをじらすように伏せると、あごを路上に置いて上目づかいにリュウを眺めている。私は、振り向いて大林氏にたずねた。

「こんなにまっ黒な犬も珍しいね。何という種類？」

「雑種だね。捨てられていたんだ……」

彼は、クックちゃんを育てることになったいきさつを聞かせてくれた。そして半纏をなびかせながら、スニーカーの鈍い音とともに去って行った。

男に比べると、女の飼い主は概して愛想がよい。あたかも遊園地で、子供や孫を話題におしゃべりを始めるように、犬をはさんで会話が生まれる。その束の間の語り合いの中に、飼い主の人柄や情愛を感じとり、ほのぼのとした気分になるのだ。いつしか私は、そんな会話を楽しむようになっていた。

リュウは、「イル」という名の、大型の雌犬も気に入っている。イルちゃんの家のおばさんは、ある会社の社長夫人だが、いたって気さくだ。

イルはもう十歳を超えた大年増だが、白い毛並みはまだきれいで、艶がある。からだ全体がスマートで、耳はしっかりと立ち、面長な顔に嵌った丸い目が慈愛深くやさしい。街灯の光に浮き出たイルちゃんの気品に眩んでか、あるいは色艶に惑わされてか、はたまた母性愛にひかれてか、リュウがまいるのは当然だ。イルちゃんが、静かにしっぽを振りながらリュウを迎えると、彼はれいの調子で訴える。イルちゃんは、鼻にかかった微かな声で応える。

「あら、そお。いつでも『手ほどき』してあげるわよ」

そして、尻の方から体をフェンスに寄せてくる。

「この犬はもうおばあさんなのよ」と、言いながらも、社長夫人は、「ちょっと遊んであげなさいよ」と言って、イルちゃんを外に出してくれる。

ありがたいお心遣いだ。リュウは大きなイルちゃんに押し捲られ、圧倒されっぱなしだ。さあこのへんでと、またもや私は、複雑な気持ちでリュウをせきたてなければならなかった。

ある初夏の夜、私は同じ柴犬を連れた中年の女性と出会った。背が高くスラリとし、長い髪をなびかせながらやってくる。夜目遠目のせいか、そのひとの顔立ちはひときわ整って見える。おばあさま方の多いこの社交場では珍しく若手で美人のようだ。私はおどる心を抑えながら、ゆっくり歩を進めた。

リュウは、彼女の連れた犬に興味をもって近寄って行く。彼女は立ち止まった。

「おにいちゃん（雄犬）かな。おねえちゃん（雌犬）かな？」

私はしゃがみこんで、犬に問いかけた。

「雌ですの。お宅は雄かしら」

「ええ。だから気が合うのでしょう」

二匹の犬は、追いつ追われつ、無邪気に求愛のような戯れあいを始めた。

「おお、これこれ……」

照れながら、私はリュウを引き離そうとややあせった。そして照れ隠しに、相手の犬に向かって再び問いかけた。

「きみ、いくつ？」

「間もなく二歳です」

「ああ、ではリュウとほぼ同じだ。で、名前何ていうの？」

「シノ、といいます。ね、シノちゃん。志乃、と書くんです」

そう言い終わると、女性は私の顔を見つめ、おかしさをこらえながら言った。

「まあ、この暗闇にサングラスなどをおかけになって」

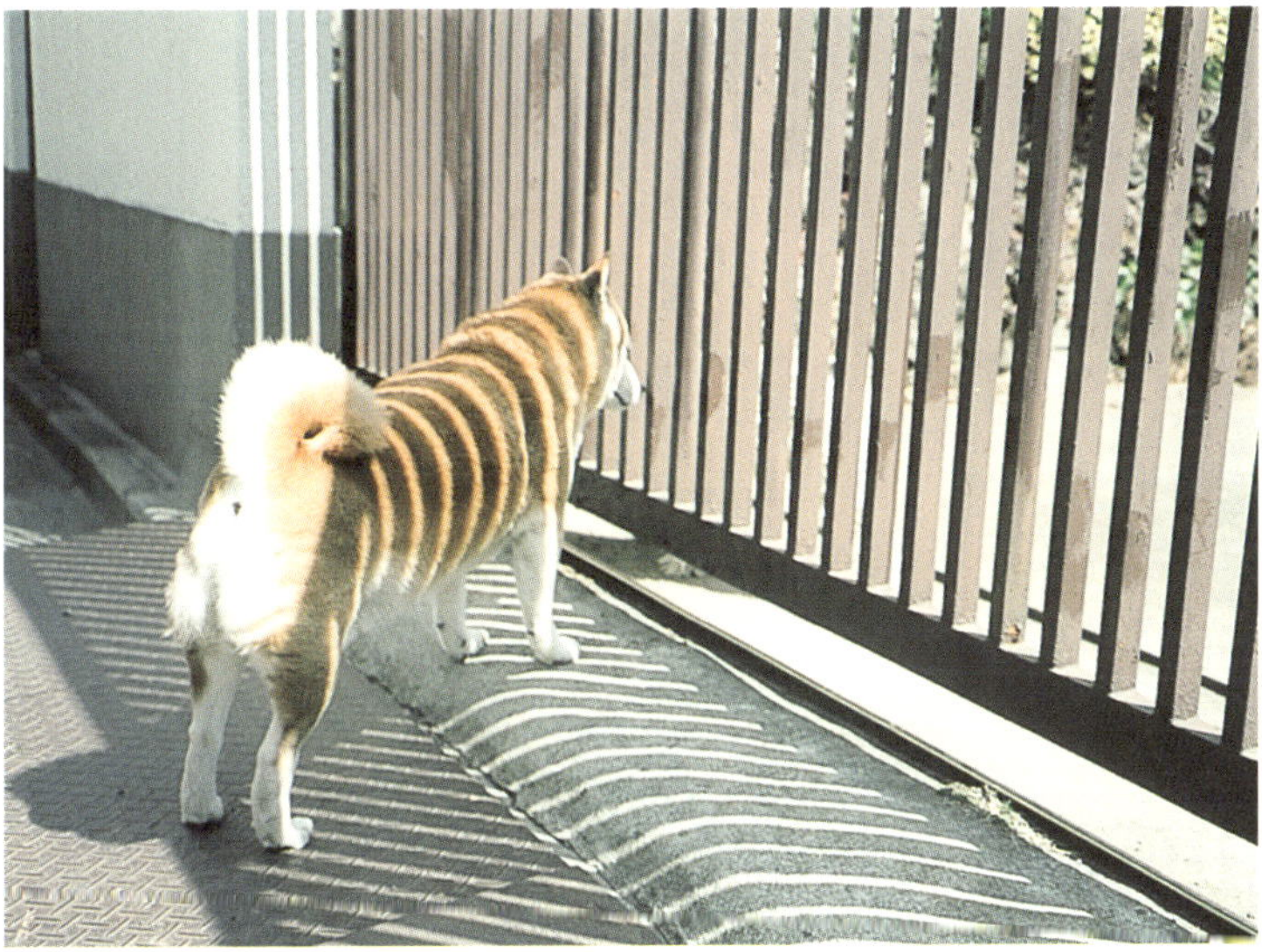

おい虎犬だぞ！　脅かしてごめん……

「ああ、これ？　少しスモークをかけてあるだけですよ。よく見えますよ、夜でも。実はタレ目を隠すためにかけているんです」

「まあ、おもしろい方。オホホホホ……」

一瞬、私が次の言葉を探していると、女性はあらためて、名乗った。

「私、成川と申します」

そして身を翻すと、足早に闇の中に消えて行った。

夜の恋人めぐり

　柴犬は気が強い。我が家のリュウは、庭に出ているときなど、雄犬が脇の道を通ると、「このやろう、おれの家の前を通りやがって。さっさと失せろ」、といわんばかりに吠えまくる。散歩の途中でも、相手の雄犬が、友好的にしっぽを振って馴れなれしく近づいてくるというのに、低く唸り、「近寄るな！」といった形相で二声、三声吠える。ところが、相手が雌だと大違いだ。ぜったいに刃向かわない。よしんばどんなに吠えたてられてもだ。

　リュウが満一歳になるころから、この傾向は強まった。たとえば雌犬が通りかかると、フェンスの隙間から鼻先をつき出し、しっぽを振りながらクンクン鳴く。散歩の途中でよその犬とすれ違っても、相手が雌だと、匂いで分かる。静かに近寄り自分の鼻先を相手の鼻に近づけ、ゆっくりしっぽを振り始める。先方の飼い主に、「女の子ですか」と聞くと、案の定、「そうです」と、返ってくる。けんかでも始めないかしらと不安そうな顔つきの女性に、「あ、じゃあ大丈夫。ボクは女の子が好きだもんな」といって、リュウの顔を覗きこみ、喉の下を撫でてやる。

その頃、リュウの散歩コースにガールフレンドが何匹かできた。

その中の一匹は、私が呼ぶところの「柴丸子」ちゃんだ。

母犬と二匹で暮らしている、中年の柴犬がかかった雑種で、ギョロ目の丸顔でよく太っている。お世辞にも美人とはいえないが、リュウは気に入っている。先方も、まんざらでもないといった素振りなのだ。

夜、その家の前を通るとき、リュウは立ち止まり、フェンスの奥に向かって「クークー」と鳴く。すると、シバマルコ姉さんがしっぽを振りふり、小走りに出てくる。リュウは小声で「キャン」と鳴き、跳びつくように身構えたり、左右にとびはねたりしながら相手の気をそそる。シバマルコも「クンクン」鳴きながら、フェンスの内側から鼻先を出す。ところが、すかさず走り寄る母犬がやかましい。まるで、「また来たね。さっさと帰りな！うちの娘《こ》に手を出したら承知しないよ！」と、いった剣幕で吠えたてる。あの犬の騒ぎようは何ごとならんと雨戸が開けられる様子に、私はあわててリュウを引き、その場を立ち去る。こんな次第だから、リュウとシバマルコ姉さんの逢瀬はいつも短かかった。

次なる立ち寄り先は、これまた私が勝手に名づけた、「うぶ代」ちゃんの所である。ウブヨは母親と二姉妹《きょうだい》の中の一匹で、シュナウザー系の雑種犬である。母娘三匹とも体毛は長からず短からず、全体は白いが、背中のあたりがうっすらグレイである。耳は立っているが、母親やもう一匹の姉妹が面長なのに比べて、ウブヨは四角い顔で鼻が短く、目つきが少々きつい。ところが、ほかの二匹に比べて立ち居振るまいがうぶに見え、そしてどこか異性にほれっぽいたちのようだ。

この姉妹、つい一年前まではまだ子犬で、リュウが通るとワンワン吠えたてたものだが、近ごろは接する態度が変わった。近づくと、三匹は植え込みの闇の中から走り寄ってくる。それぞれが、「あら、どこへお散歩？」「お話ししましょうよ」などといわんばかりに、「クークー」「クンクン」鳴く。

とりわけウブヨちゃんは執拗に甘ったれて鳴き、格子のフェンスの内側を行ったり来たりしてじれったがる。そして、「ネー、こっちに来て」といわんばかりに、格子の隙間から手を出し、おいでおいでの仕種をする。異性に目覚めたばかりのリュウは、毎度興味深く立ち寄り、一匹いっぴきの鼻に自分の鼻面をつきつけ、匂いを嗅ぎあいながら挨拶を交わす。だが、三匹ににじり寄られて圧倒されるのか、やがて素気無く立ち去ろうとする。するとウブヨちゃんは、ますます悲しげに鳴くのだ。私は、彼女の方がシバマルコ姉さんよりもまだ美人で情愛が深いとみているが、リュウはそうは思わない。「蓼食う虫も好きずき」とはこのことだ。彼はここで、女を泣かす快感を味わって帰るのだった。

本命は、「シノ」という名の小型の柴犬だ。散歩のおり、たまに会うことがあった（前掲）。スマートで、鼻筋がとおり、おだやかな目つきをしている。喉から胸にかけての毛並みが純白で上品だ。はにかんだような愛嬌をみせ、従順そうだ。シノちゃんはリュウとほぼ同じ年（二歳）で、いまが女盛りなのだ。

あるとき、シノちゃんから発散するその「しるし」にひかれて、リュウは彼女の家に向かった。他人の敷地には入りこまないように仕付けているのだが、その日はオープンになった車庫の中を伺い、遠慮なく入りこもうとする。阻止する私の手を力いっぱい引き、中に向かって「クンクン」呼びかける。車庫の向こうのフェンスの闇から、微かに「クークー」という声が返ってきた。リュウは小声で「キャン」と鳴き、見えぬ相手に向かって、もどかしげに前足で地団駄を踏み、左右に体をくねらせる。シノちゃんのあまりのゆかしさに、私は平安の昔の女性の姿を思い浮かべた。

公達が見初めた女性の家の前に立ち、笛を吹き、柴垣越しに恋文を差し入れる。すると奥から、「嬉しいのですが、いまは囲われの身でままなりませぬ」と、いった言葉が返ってくる。公達はなおも笛を吹き鳴らし、女性の心を動かそうとする……。

シノちゃんはリュウと全くの同種同族（柴犬）である。だから叶うことならば妻《め》合わせたい。だがまさか、よく知らないその家に申し込みにゆくわけにもいかず、さりとて仲人という者がいるわけでもなし、妻に相談しようか、どうしようか……。私は人知れず気を揉んでいた。

ある日、夕食どきの団欒でそんな打ち明け話をした。すると、息子の友人成川家の飼い犬だということが判った。

狐色のだるま　でも俺の方がスマートだぞ

茶飲み友達かぁ

幸い、妻は成川夫人をよく知っていた。願ってもないことだ。では、時期がきたらお見合いをさせよう。私は妻を口説いた。そして妻は、成川夫人にその話をもちかけた。すると夫人は、複雑な心境をしみじみ語った。

「じつは、シノは一度四匹の子供を生んだことがあるの。ところが一か月余りたって、ペットショップの主人がきて、子犬をみんな持っていってしまったの。その直後からシノは落ちつかなくなり、夜になると子供を探して鳴くのよ。その姿が哀れで、切なくて。なんてかわいそうなことをしてしまったことかと、私もいっしょに泣いちゃったわ。それ以来、シノに子供を生ませることに躊躇してしまうのよ」

この話を聞いて、私は以前、名古屋の単身赴任時代に寄宿していた寮で飼われていた犬の母子のことを思いだした。

子犬たちは生まれてまだ二か月ぐらい、丸々と太って好奇心旺盛、庭に出るとまるでボールを転がすように走り寄ってくる。そんなかわいい子を、ある日いちどきに「業者」が持っていったのだ。そんな事情を知らない母犬は、子犬を探し求めて、夜中じゅう「ワン」、……、「ワン」と、鳴いて探しもとめた。庭の端の植え込みの中を、母犬は隅から隅まで行ったり来たりしながら……。その声が切なかった。寝床に戻っても眠れなかった。そんな夜が、三日も続いたのだ。

「でも、シノが求めるならもう一度機会を与えてやろうかしら。お宅なら

シノちゃん（右）と
昼間っから不躾にしかも玄関の前ではなあ……

近いし、業者のようにいちどに子供を持ってゆかれることもないでしょうから」

ようやく、成川夫人の心が動いた。そんなやりとりがあってから、再びシノちゃんがソノ時期になったとき、リュウの成川家通いがおおっぴらに始まった。シノちゃんも十分その気なので、成川夫人も気をきかせて、朝方、玄関の前にシノちゃんをつないでおいてくれる。妻がリュウを連れ出すと、リュウはシノちゃんの家に直行する。二匹は玄関の前で絡みあい、戯れあっている。だが、真っ昼間からよその玄関の前でコトが始まるのもはばかられる。では、というので、妻がシノちゃんを預かってきた。我が家の庭の植え込みの陰で儀式をすませたらどうかしらというつもりだったが、他人の家に入りこんだことのないシノちゃんは、不安がって庭を右往左往し、悲しげに鳴くばかりであった。かわいそうに思った妻は、十分後にはシノちゃんを連れ戻しに行かねばならなかった。逆にリュウがシノちゃんの家に預けられて、なんとかことは無事に終わった。「うまくいった」と聞いて喜んでいたが、何か月たってもシノちゃんに変化は現れなかった。(おいおい、リュウには生殖能力がないのかい?)私はガックリ落ちこんだ。

その後リュウにも、年に一、二回は「盛り」の時期がきた。匂いや音に敏感になり、ほとばしる情熱をもてあましてか、朝の四時ごろから、「庭に出してくれ」と騒ぐ。そんな期間が一週間あまりも続く。外に出すと、東南の隅にある置き石の上に正座し、外を向いたまま何かに憑かれたように、じっと垣根の先を見つめている。おかげでその期間、私たち夫婦は寝不足でふらふらになってしまうのであった。

じつは、幸いなことに、もう一匹、リュウの恋人が見つかったのだ。井の頭通りを挟んで、シノちゃんの家とは正反対（北側）にある公園前の二木家のコロちゃんだ。リュウよりもやや小柄の柴犬で、年は二歳下だ。最近、二匹の間柄は公認になった。コロちゃんがソノ時期になると、リュウは必ず二木家の方に向かう。家の中にいても、コロちゃんにはリュウが近づいたことがわかり、そわそわしだすという。ふだん遠慮深く、他人の敷地には入らないリュウも、二木家だけは別で、とっととその広い庭に入ってゆく。それを察したコロちゃんは、家の中で騒ぎたてる。二木夫人が玄関の扉を開けると、コロちゃんは飛び出してきて、あちこち庭を動き回るリュウのもとに走りよる。二匹は、追いつ追われつを始める。

ある夜、私は公園の肋木にのぼり、二匹の戯れ合う姿を眺めていた。コロちゃんが立ち止まる。リュウが局部をたっぷり愛撫し、乗りかかる。やれやれようやくことにおよんだかとみるや、五、六秒でコロちゃんがするっと身をかわし、またふりだしに戻る。再び追いかけっこが始まり、同じような所作が何度も繰り返される。羞恥心からか、本能的に妊娠を避けるためか、はたまたリュウをたぶらかして楽しんでいるのか。肝心なときになると、コロちゃんは身をかわす。リュウは怒りもせず何度も繰り返す。

（もっと強引にやれ！）

私は、肋木の上でエールを送る。リュウは、根気よく追い続ける。あせって、横から挑みかかる。

（ばか、おちつけ！）

サッカーの応援よろしく、私は拳を振りふり観戦せざるをえない。しばらくして、少々うんざりしたリュウを、こんどはコロちゃんが追いかける。

（なんだ、そのくらいならさっさと身を任せればいいのに！）

私は、コロちゃんがリュウをたぶらかしているように思えて、苛だってきた。

コロちゃん（右）に
なあもう任せろよ　いや　お前が強引にゆくのだ

三十分もたった。こんな調子じゃ、いつまでたっても埒があかない。二匹は、たんなる茶飲み友達にすぎないのだ。私はリュウを連れて帰ることにした。肋木を下りると、二木家の門の前に夫人が立って犬の戯れを見ていた。彼女はまだ四十代なかばで、面長で整った顔、細身の長身にロングヘアーがよく似合う。これまでも私は、彼女との会話を何度か楽しんできた。

「まただめかしら」

彼女がつぶやいた。こんな場面も平気のようだ。私の方がどぎまぎした。

「うーん。リュウがもっと強引だといいのだが。純潔種は、生殖能力が弱いのかなぁ。その点、雑種犬は手が早い」

私は、二木家にも近い小谷家のムサシ君の話をした。

ある夜会社からの帰りがけ、我が家の近所まで来ると、小谷夫人が当惑したような姿でいる。どうしたのかと聞くと、夫人が、「ここまで来たとき、このよその犬がやってきたの。アッという間にムサシが乗っちゃったのよ。そしてアレがすんでも離れられないの」という。見ると、二匹は尻合わせになってつながっている。私は苦笑し、十五キロ以上もあるムサシを抱きかかえて、最初に乗った位置に戻して、ムサシを引き離した。

とにかく、雑種犬は手が早くたくましい。それにひきかえ、リュウのような純血種は、なんと不甲斐ないことか。生殖能力こそ、動物の本能中の本能ではないか。にも拘らず、純血種のそれが弱いということはどういうことなのか。長らく続いた、排他的な血統の宿命なのであろうか。

それはなにも犬だけに限ったことではなかろう。

私は、無心に追いかけっこをするリュウとコロちゃんを眺めながら、深く考えさせられた。

竜太失踪

居間のストーブの前でリュウがまどろんでいる。この犬はまもなく十二歳、人間でいえば六十歳代のなかばになる。ところが私たち夫婦とこの幸せな犬にも、あるとき想像もつかない試練の十三日間があったのだ。

平成六年夏の話である。

七月の末から、妻はリュウを連れて信濃追分（軽井沢町）にある彼女の母親の山荘に逗留していた。私も、会社がお盆休みに入った八月十一日（木）の夜から、合流した。ところが翌朝目覚めると、リュウの姿が見えない。ふだん室内で人間と共に生活しているリュウは、この雑木林に囲まれた山荘では、早朝、庭に放たれていた。慎重派のリュウは、あまり遠出もせず、林の中を徘徊すると、いつも十五分ほどで帰って来ていた。

だがその日は違った。いやな予感に襲われて、妻と私は二手に別れて捜しに出た。妻は、浅間山に向かって国道十八号線の方へと上って行き、私は、反対に信濃鉄道の方へと下って行った。

半日も捜し回ったが、二人とも空しく帰宅した。義母を交えてベランダに腰掛けたわれわれは、疲れと不安で口が重くなっていた。

義母が、「どこかの雌犬のところに行ったきり、帰れなくなってしまったのかしら」と、いう。「でも、帰巣本能の強い犬だから、そんなはずはないわよ」と、妻が力無く答える。義母は、「長逗留で淋しくなって、東京に帰りたくなったのよ、きっと」と、つぶやいた。しばらくして、みんな一様に案じながら恐ろしくて口にできない一言を、私がいった。

「ひょっとしたら、交通事故に遭ったんだ」

皆は黙りこんでしまった。妻はその夜まったく箸をとらず、私は滅入る気持ちを吹っ切ろうと、酒をあおった。

眠られぬ夜が明けた。八月十三日、私たちはまず、犬を捕獲したら連絡をもらおうと、保健所に届け出ることにした。地元の軽井沢町はもとより南は御代田町、西は小諸市、そして東は安中市、高崎市にまで電話をかけ、届け出た。そして私は再び、自転車で捜索に出た。

雲ひとつない快晴の空の下を東へ向かう。左手には赤茶けた浅間山がどっしりと構え、こちらを見下ろしている。浅間は一部始終を見ていたはずだ。（浅間よ、犬の行方を教えておくれ！）私は、心の中で叫んだ。

空を仰げば目を射るような眩しい光、骨の髄まで焦がされそうな灼熱……。そんな中を、リュウは喉を涸らし、喘ぎながらひたすら家を探し求めて歩き続けているのだ。そう思うと、サドルの上の腰が落ち着かず、漕ぐ足にいっそう力が入る。

（なんと無情なお天道様よ。ちくしょう！）私は、この晴天が恨めしくてならなかった。

明くる日も晴れ上がり、暑かった。そして、この日も捜索は徒労に終わった。

十五日、失踪後四日目、日ごろ散歩で通るコースの最後の部分を巡回した私は、正午に浅間山の前衛である石尊山へ向かった。リュウは山の方へと上ってゆく習性があったからだ。まず、旧追分宿の入り口にある浅間《せんげん》神社に詣で、無事救出の願をかけてから登りはじめた。喘ぎながら休まず、ただひたすら登り続けた。喉を涸らし、飢えをこらえながら、不安にかられてさ迷い続けるリュウを思うと、私自身がこの苦行に耐えることが何よりの罪滅ぼしであり、禊《みそぎ》になると思ったからだ。

三時間ほどで頂上に着いた。浅間山を背（北）にし、一六六八メートルの地点から見下ろすと、眼下に樹海が広がる。左手（東方）には離山（軽井沢町）や碓井峠が見渡せる。

正面の傾斜地は御代田町、その奥が佐久市、そして、右手奥（西方）は小諸市へと続く。この視界のどこかに、リュウはいるのだ。樹海の中を羅針盤の壊れた船のようにさ迷っているのだろうか。それとも、日照りで乾ききった道を、よたよた歩いているのだろうか。「リュウ！」、私は叫び、「ピーッ、ピー」と、いつもの口笛を吹いた。だがこだまが空しく返り、再び静寂が私を包むだけであった。

十六日も何の手がかりもなかった。十七日で会社の休暇が終わる。私は後ろ髪どころか、五臓六腑も引かれる思いで、義母を伴いとりあえず帰京した。妻は保健所からの連絡を一縷の希《のぞ》みに、二、三日留まることにした。

期待どおり翌十八日、逗留していた妻のもとに軽井沢町の保健課から、柴犬を捕獲したという電話が入った。踊る心地で妻は駆けつけた。だが、残念ながらそれは違う犬であった。その日妻は、地元配布の新聞に「迷い犬」の折り込み広告を入れてもらうことにした。そして妻も、仕事の都合でその翌十九日には帰京せざるをえなかった。

案の定、広告の効果はあった。早速、二十日の夜、御代田町の若い女性から、東京の自宅に電話が入ったのだ。朝会社へ行く途中、信濃追分のガソリンスタンドの辺りでうろうろしている柴犬を見かけたという。さらに二十二日にも、別人から、同じ場所で柴犬を見かけたという電話が二本もかかってきた。

「今度こそ、リュウに違いない」、「意外に近くにいたのね」、「早く捕まえにゆこうよ」と、娘や息子も含めて、我が家にようやく明るい雰囲気が漂いはじめた。

翌二十三日、焦る皆の期待を担って、妻は現地に赴いた。通報者の一人は、追分近くの国道十八号線に面した「鯉太郎」という小料理屋の奥さんだった。妻がその奥さんと話していると、はたせるかな、話題の犬が現れた。

「リューちゃん」

妻は呼んだ。だが犬の反応は鈍い。妻はリュウの好物のチーズを差し出した。犬は、おずおずと手のひらに鼻を近づけ、無心に食べ始めた。その隙に妻は犬を捕らえ、無理やり自動車に押し込んで山荘に連れ帰った。ところが車の扉を開けたとたん、意外にも犬は飛び出し、もと来た方へと逃げ去ってしまった。哀れ、気が狂《ふ》れたのか。妻は途方に暮れた。

翌二十四日、失踪後十三日目、別荘に留まっていた妻のもとに、軽井沢町役場の保健課から、「お宅の犬が見つかりました」という、電話が入った。

「東京都の鑑札をつけていたので、東京の保健所に問いあわせたら、間違いなく山田竜太クンだとわかったのです。よかったですねー!」

電話の声は、明るく弾んでいた。

発見現場は、なんと約二十キロも離れた東北方面で、追分より高地にある小瀬温泉の一角であった。リュウは、「小鳥の森山荘」のオーナーの奥さんとお嬢さん、それに投宿していた国立市（東京都）の安藤さんたちに保護されていた。安藤さんは、事の次第を詳細に語ってくださった。

二十一日、山荘の奥さんとお嬢さんが、前庭に現れたリュウを目撃した。リュウは、首輪に右前足を絡ませ、その足を引きずっていた。痩せ細った首の緩くなった首輪に、どういう拍子か右前足を突っ込んでしまっていたのだ。たすき掛けとなった首輪で腋の下は擦れ、赤く剥けていた。翌日、雨が降りだした。だがリュウは、びしょ濡れになりながらも、佇んだままその場を離れようともしなかった。かわいそうに思った安藤さんが玄関のポーチまでリュウを導きよせ、休ませてくださった。その夜、リュウはポーチのベンチの上で寝た。やっと落ち着いたリュウは、しかし、ときどき悲しそうな目で天を見上げ、「アオー、アオー」と、鳴くばかりであった。皆は哀れに思い、心当たりの別荘をたずね、あちこち問い合わせてくれた。そうこうしながら、二十四日、山荘のお嬢さんが擦れた鑑札の番号を判読して、軽井沢町役場の保健課に届け出て、ようやく我が家の犬だと分かったのだ。

自動車でかけつけた妻が、扉をあけて「リューちゃん！」と呼ぶと、リュウは放心状態で歩み寄り、妻の膝に飛び乗った。ただただ涙あるのみの対面であった。発見されるまでの十日間夜露だけで凌いだリュウの体重は、三キロも減り七キロとなっていた。極度の不安と緊張からか、帰宅後も下痢は止まらず、黒かった口髭は白くなってしまっていた。

山荘の方々の哀れみと同情のお陰で、リュウは奇跡的に救われたのだ。それに、この山荘の飼い犬（シェルティー）が友好的であったことも幸いした。もしこの犬が吠えまくり、弱り切ったリュウを追いたてたなら、リュウは再びあてどもない、やがて野垂れ死にする放浪を続けなければならなかったのだ。


それから、三か月経った小春日和のある日、リュウは東京の家で、何事もなかったように日なたぼっこを楽しみ、柔らかい馴染みのソファーの上で無心に眠っている。その寝顔を眺めるにつけ、私は妙に不可解な気持ちになるのだった。

（この犬の失踪は一体何だったのか？　私たちにとって、あの十三日間はどんな意味があったのか？）、と。

そのとき、私の耳におごそかな声が聞こえてきた。

『「あるお方」がリュウを取り上げてみたのだ。どうだ、わかったか。犬一匹の失踪でも、なんと不幸であったことか。そしてその犬の生還にこの上ない喜びを感じたことかを……。そもそもおまえには、『日々神に感謝する』という気持ちが欠けていたのだぞ」

私の顔はほてり、頭は下がっていた。

その後妻はときどき、「どうしてリュウは失踪したのかしらね」と、不思議そうにいう。

「神のお沙汰だったのだ。啓示があったよ」

「どんな啓示が？」

「目をつぶり、耳を澄まして聞いてごらん。君にも聞こえるはずだよ」

私はほほ笑みながら妻に言い、「なあおまえ、おまえには聞こえたろう？」とリュウの顔をのぞき込み、頭を撫でてやるのだった。

あの彷徨《さまよい》はいったい何だったのだろう

竜太くんさすらいの道想像図
（安藤さん　ご提供）

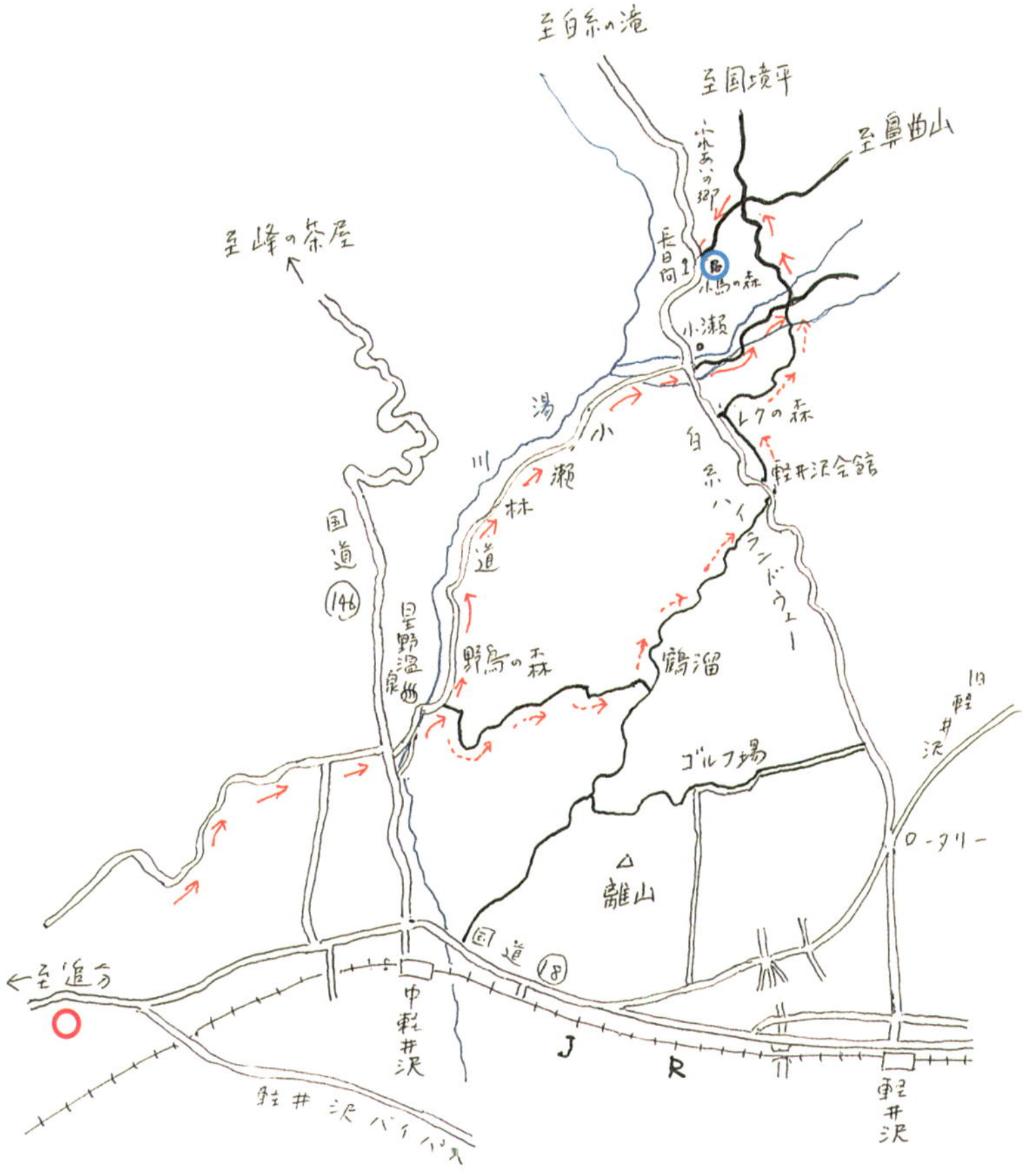

○信濃追分
○小鳥の森山荘

忍び寄る老い

近頃、リュウの姿にどことなく老いを感じるようになった。眠る時間が多い。若い頃は、私が帰宅すると気配を察知し、二階から走り降りて迎えに出たものだ。また動作も鈍くなった。以前だったら、気のある犬が家の前を通ろうものなら、家中走り回り外に出してくれとせがんだものだ。だが反応はない。散歩に出てもほどほどの距離で帰る。用を足すと帰るそぶりをする。運動不足になると思い、お定《き》まりのコースからあえて外し遠出をしようとしても、前足を踏ん張り、「いやだよ」という、しぐさをする。

無病息災だった彼の体にも疾患が現れた。一年ほど前だが、一週間ほどひどい喘息に襲われた。数十秒も、いやもっと咳き込んで息も絶え絶えになる。その姿を見てこっちも卒倒しそうな気分になった。最近、右の前足をかばって歩くようになった。レントゲンを撮ってもらったら、関節を痛めているといわれた。

あと何年したら、この犬の介護をしなければならなくなるのだろう。私は漠然とした不安に襲われた。近所にそんな犬が何匹もいたからだ。高松家の犬は痴呆症になり、哀れな声を張り上げ鳴き続けていた。岸田家の犬は足腰が立たず、おばあさんが三角巾のようなもので腹を支え、そろりそろりと歩かせていた。八木家の犬は歩けなくなって、ご主人が抱いて近くの空き地まで用足しに連れていった。やがてうちもか……。

そのときが来た。捜し求めて一台の中古の乳母車を買った。ところが目敏い南隣の石川夫人に見られてしまった。

「あら、お孫さんが出来たの。おめでたいわね」

妻は、ばつの悪さを堪えて説明した。

やがて迎える犬の死。大方は、その哀れさや惨さのために、もう再び犬は飼わないというのだそうだ。だが私は、犬のいない生活など一日たりとも考えられない。それは、砂漠の中のテントで暮らすようなものである。目の前には赤茶けて単調な砂丘が広がり、ごちそうを食べても砂をかむような味。そしてテントの中で、ひたすら木魚をたたいて雨乞いをする……。そんな強迫観念に襲われるのであった。

「次はどんな犬がいいかな」

たまらず不用意に漏らした私の言葉は、妻の顰蹙《ひんしゅく》を買った。リュウが存命のうちからそんなことをいうなんてずいぶん非情な人じゃない、と。さしずめ、私が死んだらすぐ新しい奥さんを迎えるのでしょう、といわんばかりに。私は、無言で肩をすぼめるしかなかった。どうやら次の犬のこととなると、そこは男と女の感覚の違いかもしれない。

最近八木家の柴犬を見かけない。いよいよ死んだのかなと、妻と話しあっていたら、先日、ご主人がポメラニアンの子犬を連れて散歩に現れた。

「あらお孫さん？」には参ったな

三代目　捨て犬幸介

功徳を施す

　また犬を飼った。雄の、柴犬もどきをである。柴犬をベースにしたミックスである。幸介と名づけた。前の飼い犬竜太が亡くなって一年余り経った平成十七（二〇〇五）年十月末のことである。

　リュウの生涯は十五歳であったが、その最期は凄惨であった。まず右前足を痛め円滑に歩けなくなった。やがて後ろ足が弱り、半年間ほど歩行困難になった。そして続く四か月間は、終に寝たきりになってしまった。弱り目に祟り目で、その間、喘息を起こすわ、顔に床ずれができるわで、哀れだった。介護する方もオムツの取り替え、獣医通い、最後には抱き上げて給餌をするなど容易ではなかった。だから死後、妻はもう二度と飼いたくないという。妻の友達で、愛犬を亡くして二度と飼う者はいないという。看病や介護の苦労ばかりでなく、死後の哀悼心に耐えられないかららしい。

リュウの死後、妻は介護から解かれ内心ほっとした様子であったが、他方私は、虚無感に襲われた。ウォーキングをしていても、リュウとの散歩の思い出が蘇ってやるせない。この公園では、いつもコロちゃんの尻を追いかけていたな。この家のイルちゃんには、「手ほどきしてやるよ」といって、尻を突き出されたっけ。真夏の昼下がり、あまりの暑さにこの木陰の地面に腹をあてて伏せたまま動かなくなったこともあったな。思い出は多く、我が家の周りの道端や辻々から、リュウの幻影が現れては、私にまとわりつく。

私は家に引きこもりがちになった。毎日張り合いがなく、言葉少なになり、鬱病気味になった。亭主はふさぎこみ、おまけに、独立した子供たちは相変わらず家に寄り付かない。そんな雰囲気に閉口し始めた妻は、ようやく犬を飼う気になってきたようだ。娘と相談して、インターネットのブリーダーのページを覗き、メールのやりとりをしている。最初はジャック・ラッセルテリヤがいいといっていたが、結局、以前飼っていた柴の子犬に的を絞りはじめたらしい。静かに機の熟すのを待っていた。

私が犬を飼おうと思う気持ちの底には一つの念願があった。日ごろ、(男としてこの世に生まれた限り、せめて家族ぐらいは幸せにして死にたいものだ)と、考えていた。ところが妻子は、ちっとも幸せそうな顔をしてくれない。このままあの世に行くことは本意ではない。ならばせめて犬でも、と思っていたからだ。それも、うんと不幸な犬を引き取って幸せにしてやろう。実はそれは、今まで飼った犬たちの鎮魂や感謝にもなるからであった。

最初の飼い犬タロウは、避暑地の白馬村で、雷雨の夜、恐怖の余り首輪を抜いて逃げ去った。家に入れてくれと必死にガラス窓を引っ掻くその姿を思い出し、ただただ（悪かった）と胸をかきむしるしかなかった。だからいつか、タロウの鎮魂をしてやりたかった。

二代目の犬リュウタも、これまた避暑地の信濃追分（長野県軽井沢町）で、ある早朝突然失踪した。結局十三日目に、約二十キロ離れた浅間山麓の小瀬温泉のあたりで救助された。別荘に投宿中の安藤さんご一家の温情あふれるご親切のおかげであった。首輪につけていた鑑札で、東京の我が家に保健所から連絡が入った。リュウには神のご加護があったのだ。その神の御導きで安藤さんの許にたどり着き、何人かの人たちの善意で命拾いをしたのだ。

タロウの鎮魂のためにも、また、リュウにいただいた神のご加護と人々の善意に応えるためにも、（捨てられた不幸な犬を救ってやることだ）、と考えるようになっていた。そんな気持ちを時折妻にも話しかけていた。

平成十七年十月末、突然その機会がやってきた。信濃追分の山荘を閉めに行ったときのことである。たまたま、近所の蕎麦屋に置いてあった「軽井沢ニュース」の中に、「ごんちゃ

ん の里親募集！」、という記事が出ていたのだ。「柴のミックス、雄……」とある。写真では柴とはいうが、口の周りが黒く、私の好きなシェパードがかかっているようだ。精悍そうで悪くない。神の啓示に打たれたように、渋る妻を制して、私は受話器を取り上げた。

翌日私と妻は待ち合わせの場所、中軽井沢のスーパーマーケット「つるや」で、記事の発信人の高垣さんと、犬をつれた臨時里親の岡本さんに会った。犬は御世辞にも器量よしとはいえないが、口の周りの黒さに牧歌的な雰囲気が漂っている。麦わら帽をかぶり、首に手拭を巻き、口髭をたっぷり蓄えた権兵衛さんの風情である。だから、ゴンちゃんという愛称が付いたのかも知れない。一歳を過ぎているようだが、どこかあどけなさの残るこの犬は、岡本さんに体を摺り寄せ、なかなかこちらに寄ってこない。やがてなんとか抱き上げたが、不安そうな表情で放してくれといわんばかりにもがく。とくに男には警戒心が強そうだ。

しかし、温和で利口そうだ。捨て犬という境遇のせいか、顔には寂しさの翳が漂う。接しているうちに、(器量なんかどうでもいい。よし、こいつを幸せにしてやろう)、という気持ちが募ってきた。私は、(一期一会、これぞ神のお引き合わせだ)と、その場で引き取ることに決めた。妻はただ呆気にとられていた。

帰りの車の中で、犬は後ろに遠ざかる岡本さんたちを見つめたまま、鼻先で切なげに鳴いた。家に到着しても、室内からベランダに下りる出入り口に正座し、外を見つめたまま微動もせず、しばしば鳴いた。その夜はこちらもやるせなかった。

翌日、我々は犬を連れて東京に帰った。余りの急激な環境の変化に戸惑ってか、犬は鳴くことを忘れてしまったようだ。しかし、家の中に居りながら、ただただ不安そうだ。部屋を出入りする私たちに付きまとう。

そうだろう、また捨てられはしないかと不安なのだ。

最初の飼主に捨てられ、泣く泣く何日も軽井沢の山野をさ迷った。その後保健所の役人に捕獲され、檻の中で恐怖に怯えながら数日間を過した。やっとごみ処理場の親切なおじさんに引き取られその一隅で自分の糞とともにしばらく過した。だが、そんなささやかな安穏も長くは続かなかった。里親が現れず持て余したおじさんは、保健所に引渡すことにした。今日までの命か？　いよいよ命運尽きるかという時、ようやく神の手が差し伸べられた。高垣さんたちボランティアの人々が申し出て、とりあえず軽井沢の岡本さんの別荘に引き取られた。そこで数か月間先輩格の五匹の犬と生活を共にした。やがて東京練馬区にお住まいの方の申し出で里子となったが、一晩中鳴き止まず、一日で帰されてしまった。そして、ようやく我が家に来た、というわけである。これまで安住の地が得られず、さぞや不安な日々であったろう。

「心配するな。ここがおまえさんの終《つい》の住処だよ」

私は犬の目を見つめて言う。彼も瞬きもせず私を見上げている。

犬を「幸介」と名づけた。ゴンちゃんでは泥臭く気の毒だ。幸運にも助けられたから「幸助」にしたらどうかと提案すると、妻が「助」では野暮ったいという。では「幸輔」ではといったら、「輔」では高貴すぎて身分不相応だという。結局「幸介」に落ち着き、通称コウちゃんと呼ぶことにした。

コウスケは、どうやら「置いてけぼり」のまま捨てられた模様だ。我が家に来てもその恐怖心はしばらく続いた。妻が外出の用意を始めると、衣擦れの音を察知してついて歩く。私が靴箱を開けるとその音を聞きつけて二階から駆け下りてくる。玄関を出ようとすると一緒に飛び出そうとする。無理やり押し戻すと道路脇の部屋に走り行き、ガラス戸の脇を右往左往しながら鼻先で鳴き、一緒に連れて行ってくれとせがむ。三か月たってようやく、コウスケは「置いてけぼり」のトラウマから解き放たれ、目下ここが安住の場所と心得、穏やかな日々を続けるようになった。

今やコウスケは、我が家の話題の中心になっている。

「今日帰ってくると、コウちゃん、もう玄関口で待っていたのよ」とか、「散歩のとき、かわいいってほめられたぜ」、などと話が弾む。

「子は鎹《かすがい》」というけれど、コウスケは鎹どころではない。夫婦の間の「筋交い」のような存在となっている。六十ワットの電灯の居間に百ワットのシャンデリアがついたようだ。消えかかっていた暖炉の薪が急に燃え上がったみたいだ。

なんのことはない、功徳を施されているのはこちらの方かもしれない。

恨めしかったこの草原　無情だったあの浅間（右背後）

GROUP

協力して皆で迷い犬を救済

迷い犬の救済活動を通じて知り合った岡本和子さんと太田瑛子さんは、迷い犬が預けられる塵芥処理場で飼い主を待つ犬の世話をしたり、待っても飼い主が現れない犬を一時的に保護し、町内のスーパーなどにチラシを貼り、里親を募集する活動を行っている。里親の候補が現れると、岡本さんが自宅まで出向き、家族全員と話をし、飼われる状況を確認する。そこで問題なしと判断され初めて、犬が引き渡される。「捨てられた犬は皆一様に精神にダメージを負っています。犬も人間と一緒、愛情を注がないといけない」と太田さんは話す。迷い犬の情報があると、町内で同じような活動を行っている仲間の間で、連絡が回るようになっている。

左は、今は佐久に預けられているクロ。右は、岡本さんとゴンタ。クロ、ゴンタ共に里親を募集中。
TEL090-7289-6176

「軽井沢ニュース」の記事

“ごんちゃん”その後

里親が見つかりました！
東京で幸せに暮らしています。

前号でごんちゃんの里親を募集したところ、軽井沢ニュースを見たという追分に別荘を持つ山田さんが東京の自宅へ連れて帰り幸助（こうすけ）と改名。専用のベッドも用意してもらい、幸せに暮らし始めました。

「前に飼っていた犬が行方不明になり、皆様の善意で見つけ出してもらったことがあるんです。いつかそのお礼をできたら、と思っている時に、この幸助の記事を見ました。」幸助くん、新しいお家で幸せに！ Ⓘ

ごんちゃんの里親募集！

ボクに愛をください！
連絡待ってます！

中軽井沢ゴミ処理場でもぅ１カ月も飼い主を待っています。柴のミックス、雄、１２キロで去勢済み。

とても元気でおりこう、誰とでも仲良くできる人間大好きなワンちゃんです。まめにシャンプーリンスしているのでとても綺麗。

090・1035・3000 タカガキ Ⓢ

不器量が故に

コウスケが、我が家に来てから、一年経った。

ところが、今もって妻は、「幸ちゃんのギョロ目が気に入らないの」、という。柴犬に他種が混じったこの犬は、目玉が大きく、こころもち前に出ている。多分、チワワの血が混じっているのだろう、と妻と話し合っている。そんな会話を耳にするにつけ、コウスケは時々、済まなそうに、恐縮したようにこちらを見上げる。その折、きまって眼球《めだま》の下に白目が出る。横目でこちらを盗み見る場合も、視線の向こうに白目がのぞく。長い野良犬生活の中から、まともに物を見られない習性がつき、目玉だけこちらを向くという癖がついてしまったのか？　気の毒に。

だが私は、その眼球がたまらなく好きだ。それは、子供の頃持っていた白いビー玉を思い出させるからだ。乳白色の玉の中に、赤や、黄、青などの色が絡み合った魅惑的な玉であった。コウスケの目は、その乳白色のビー玉の中に、虎目石が埋まり、中心に潤んだ黒曜石が嵌っている。

だが気の毒に、目の周りに黒い毛があるため、表情がきつく見えるのだ。目の下に黒い隈があり、目の周りに、眼鏡をかけたようにうっすら黒い毛が生えている。眦《まなじり》の上には、歌舞伎役者が描くようなVの字に跳ね上がった隈取模様がある。これがいっそう厳《いか》つい表情を作り出す。

ある日、コウスケと散歩に出た妻ががっかりしたように帰ってきた。聞くと、途中で、幼児が、「この犬の目が怖い」と、口走ったという。コウスケの目が気になっていた妻の気持ちはますます塞いだ。

他方、横浜の住まいからときおり帰宅する香織は、「口周りが黒いのがねー」と、ぼやく。私は、♪だって母さんが黒いんだもん♪と、『ぞうさん』の歌の一節を歌う。そして続ける。♪コーチャン、コーチャンお口が黒いのね、だって……♪。娘は苦笑する。

だがいつの頃からか、その黒一色の口周りに、白や茶の毛がうっすら混じりはじめた。不器量とは言え、魅力的なところもあるのだ。洋犬の血が混じっているせいか、近頃首周りの毛が濃く長くなってきた。首輪からはみ出したその毛は、まるでライオンのたてがみのようだ。肩に肉がつき、歩むたびに交互に盛り上がる。前後の足先は白く、神輿を担ぐ白足袋姿のお兄《あにい》さんのように鯔背《いなせ》だ。

信濃追分の野原に放つと、この白足袋姿の豆ライオンが疾走する。直立した耳を後ろに引き、背中を丸め、伸ばししながら、太刀尾《たちお》の尻尾《しっぽ》を水平になびかせて夢中で走る。

コウスケはなぜ野良犬になったのか、と家で話題になる。雷に怯えて家を飛び出し、迷子になったのかしら。いや違う。帰巣本能の強いこの犬が迷うはずはない。では捨てられたの？　なぜ？

子犬のときは柴犬だと思い込まれていたが、月日が経つにつれ、混血の容貌が現れた。なんと不器量な。そしてあるとき、捨てられたんだ。車から下ろされ、小便をしている間に、飼主は走り去った……。

その証拠に、コウスケは今でも白いライトバンの自動車を見かけると、異常なほど関心を示す。歩み寄り、匂いを嗅ぎ、乗り込もうとする。そして、その車が走り去る後ろ姿をいつまでも見つめているのだ。

哀れだ。捨てて逃げた飼主が憎い。コウスケは潜在意識の中で、純情にもまだその飼主を慕い求めているのだ。そう見るにつけ、ますますその飼い主が許せない。コウスケに代わって恨んでやりたい。

そして、お願いだ。もう「器量が悪い」などと言わないでおくれ。

「なあ！　器量はお前のせいじゃないよなー」

私は、コウスケのあごを両方の掌《てのひら》に乗せ、そのビー玉の目を見詰める。

花で器量を補うさ

置いてけぼり恐怖症

コウスケが来て、はや二年が過ぎた。

当初彼は、(またもや捨てられはしないか)という不安のせいか、始終私たちに付きまとっていた。そんなコウスケをみるにつけ、私は、彼が野良犬になったいきさつを察することができた。

つまりこうではないかと。

コウスケは一歳前後のときに捨てられた。飼主が柴犬だとばかり思っていたが、やがてミックスであるという実体が露見した。愛想をつかした飼い主は、車で原野に連れ出し、首輪をはずし放った。そんなこととも知らぬコウスケは、うきうきしながら小便をし、草っ原を走り回っている間に、飼主は逃げ去ったのだ……。

その証拠に、今でもコウスケは、白っぽいライトバンを見かけると近寄り、匂いを嗅ぎながら一周し、佇んでは凝視しつづける。そんなことが何度もあった。尋常な犬の行動とは思えない。哀れにも、その車が去るとき、自分を捨てた主人かと思い、追いかけようとするのだ。

こんな次第だから、我が家に来た当初は、また置いてけぼりに合うのではないかと、びくびく、おろおろしていた。彼はたいがい、玄関脇の応接間兼書斎のソファーに寝そべっている。外出する我々を見張るように待機している。こちらはストーキングされているわけだ。忍び足で玄関に出ても、コートを羽織る衣擦れの音や、靴が床石に触れる微かな音をも聞き逃さない。ソファーを飛び降り、一緒に玄関から飛び出そうとする。(出してはいけない)と思い、予め呼吸を整え、それっと扉を開けるが、奴もさるもの、その隙を潜《くぐ》ろうとして扉に挟まれる。当初半年はこんな状況だった。

その「置いてけぼり恐怖」のトラウマは二年経った今でもまだ残っている。信濃追分の山荘では、買い物の折コウスケを伴い、帰りの途中、しばしば彼を車から降ろし散歩させながら帰る。ところが彼は手綱を取っている私を忘れ、走り去る妻の運転する車を鳴き喚きながら追いかけるのだ。

ある日、こんなことがあった。町外れのごみ捨て場に行った折、帰路は歩いて帰ろうと、コウスケを降ろした。近所を一回りしてさて帰ろうかというとき、コウスケはゴミ捨て場の敷地内に入り、うちの車はどこだ、どこだと、数台の車の周りをあちこち嗅ぎまわりうろうろする。ごみを投棄した妻は、もうとっくに走り去っているのだが。しかし、いつか妻は戻ってくるだろうと、彼はその場を離れようとしない。「ママ、おうち」とか、「さ、いこう」、「よし、いいこ」と、どんなになだめすかしても、がんとして動かない。座り込んでしまった。力いっぱい手綱を引く。「ズルズル」と小石が鳴る。しかたがない、コウスケを抱きかかえて家路に向かう。だが十一キロの重さの犬を抱えて百メーターも歩くと、もう耐えられない。下ろすと、彼は後ろを向き、戻ろうとする。だましすかししながら、ようやく我が家にたどりつくのであった。

こんなぐあいだから、私が職場から帰ってくるときのコウスケの喜びようは格別だ。家から十メートルほどのところまでくると彼はもう足音を聞き分ける。門扉を開ける微かな軋み、鍵穴にキーを差し込む鈍い音で、私だと確信する。玄関を開けると、すでに石畳に正座している。瞬間に立ち上がり体を左右にくねらせ、思いきりしっぽを振りながら飛びつく。妻子と四十年余りも暮らしていながら、こんなに喜んでもらえる帰宅はない。私はコウスケを抱きしめ、何度も頬ずりしてやる。この犬の里親となった至福のひとときだ。

ところで二年たった今、ようやく彼は、ここが安住の場所だと思うようになった。「置いてけぼり」の恐怖はもうないのだと悟るようになった。狭い我が家の中をあちこち走り回り、障害物競走をしているようだ。よくまあテーブルの角に頭を打ちつけないものだ。椅子の足の間をなんとうまくかわすことか。ちくしょう、跳ね飛んで階段を駆け上がりやぁがって……。

　二年も一緒に暮らしているおかげで、彼は私の言葉が分かるようになってきた。どこへ外出する場合でも、「パパ会社、コウちゃんお留守番、番してて

親父さん　皆が訝るといけないからこの札を作ってくれた
これ　「犬の週めくりカレンダー」に採用されたんだ

ね、番よ、番だよ」という。彼は「バン」という言葉がわかるのだ。見開いたままの円らな瞳で私を見つめ、ついと顔を反らせると、静かに応接間に入って行く。

今夜もコウスケは私の帰宅を歓迎してくれる。鍵穴にキーを差し込むころには、「チリチリチリ」という音が聞こえる。幸介の身震いで、首の鑑札と迷い子札（氏名と連絡先記入）が触れ合う音だ。扉が開き例のスキンシップを終えると、彼は妻のところに報告に行く。ほえて知らせるわけでもないが、玄関の方を振り向くように、妻の前でしっぽを振るのだそうだ。

だが最近、私も分かってきた。彼の魂胆は、「わーいお散歩にいける！　パパ、早く行こうよ」、なのである。

今やコウスケの持病は、「お散歩行きま症」なのである。

上を向いて寝るぜ

コウスケが我が家に来てからもう三年経つ。

当初寝床をどこにしようかと思案した。結局、前の飼い犬リュウタ同様、私たちのベッドの間に置くことにした。

野良犬時代は、藪の陰の砂地を掘って横たわっていたに違いない。あるいは、雨に打たれながら岩陰にうずくまり、眠ることもできなかっただろう。それが一転、これは王侯貴族の寝室ではないか。

私は自ずと、脇で眠るコウスケの習性を観察することになる。

まず、同じ所で長くは眠らない。応接間のソファーの上、食堂のテーブルの下、書斎の床上、私か妻のベッドの上……。あちこち場所を変える。暑いのか？　寒いからか？　やかましいのか？　何故なのか？　不思議だ。

あるとき、それは体臭を残さないためなのだと、推測した。獰猛な肉食動物に寝どころを襲われては敵わない。だから睡眠時間は短く、ちょくちょく場所を変える。何千年も前から備わったこの自衛本能が今でも残っているのだ、と。

また、ベッドの上の折り返した布団を、鼻と前足で無造作にひっくり返す。砂を引っ掻き窪地を作っていた習性からか。これも遺伝子にある本能の所作であろう。私は布団の上にトランクやリュックなど、大きくて重い物を乗せてブロックし、上半分のシーツの上に不要の毛布を敷き、そこへ暗黙裡に誘導する。

まだある。ベッドの上り口に向かって伏せる姿は、リュウとまったく同じだ。ベッド奥には衝立があり、これがいわば防護壁、安心のコーナーなのである。彼は衝立に尻を向け、上り口に顔を向けて横たわる。衝立の方向を頭にした我々とは正反対に寝るわけだ。入り口は危険コーナー。さすが洞穴生活をしてきた動物の本能だ。危機探知器ともいうべき耳や目、鼻を入り口に向けて伏せるのだ。

また、睡眠中鼻先を大切にするということも面白い。伸ばした両前足を交差させ、その手前に鼻先をうずめる。あるいは、タオルや毛布にできた襞《ひだ》に鼻先を突っ込む。超精密器官である鼻先を乾燥や危害から守るためだろう。これもリュウと同じだ。

我々など、夜分の乾燥注意報を聞きながらも、高をくくり無防備で寝て、翌朝鼻や喉を痛め、後悔するが、そんな輩とは大違いだ。

まだある。どうやら犬も枕がほしいらしい。幸介は横向きに寝ているとき、頭を少し持ち上げる工夫をしている。たとえばソファーにねそべるとき、肘掛に頭を任せる。私のベッドに上がり横たわるときは、積み上げた掛布団のほどよい傾斜に頭を乗せる。脳が欝血せず気持ちがよいからだろう。誰も教えるわけではないのに、生理の法則を自然に実践している。

最後に、理解に苦しむがとても愛くるしい寝相がある。時おり仰向けになって眠る。仰向けにだ。我が家に来て一か月ほど経ったある日のことである。ソファーの上で、前足を二つ折りにし、後ろ足をVの字に開き、天井に向かって無防備にも腹をさらけ出してひっくり返っている。ぎょっとした。泡でも吹いて倒れているのではないかと、恐る恐る口元を見つめる。その気配を察知して、彼は朦朧《もうろう》とした目で見上げる。

（犬は滅多に腹を見せないはずだ。なのに、我が家に来て間もないコウスケが……。彼はもう、とことんここを安住の場所と思ってくれているのだ！）

私は嬉しくて、まるで赤子をあやすように、コウスケの両前足を持ち上げ屈伸させたり、腹をさすったり、頬を撫でたりしてやった。

それにしても、普通の犬なら伏せるか、横になるか、「の」の字もどきに丸まって寝るのだが、なぜ彼は仰向けに寝るのだろう？　背骨が伸びて気持ち良いからか？　たまには内臓をひっくり返したくなるのか？　どうなのだ？　今もって謎である。

♪上を向いて　眠ろおおお……♪　九ちゃんスタイルだな。

見られちゃった
九ちゃんを偲んでいたんだ

「一宿一飯」どころか

コウスケは、飯（餌）より散歩が大好きだ。

休日の朝など、食堂に下りてきても、妻が用意した餌も食べず、食卓の下で、私が朝食を済ますのをじっと待っている。毎度きまったドッグフードだから食指が動かないのだろうか。ときに、(まだかかりそうだ)とみると、ふいと出て行くが、私が食事を済ませるころ、のこのこ入ってくる。どうしてそのタイミングが分かるのかねえと、妻と感心し合っている。

さて朝の散歩だ。人並みに玄関から出る。

まぶしさを避けるためだろうか、太陽を背に、まっしぐらに西へ向かう。道々アスファルト上のしみや塀の隅、青草や落ち葉、土くれなどの匂いを手当たり次第に嗅ぎ回る。鼻を地面にすりつけんばかりにして丹念に嗅ぎ、何か思索する風情だ。とくに犬の小便の匂いはことさら丹念だ。そこにはいろいろなメッセージが残されているらしい。たとえば、(今夜おひま?)とか……。コウスケは、(あんまり興味ないな)とばかりに、小便をかける。そうだろう、彼は去勢されているからだ。また、(おれ、糖尿病だ……)というやつもいる。コウスケは、(運動第一。もっと散歩をせっつきなよ)と、返事のしるしをかける。要するに、人間には分からない森羅万象を嗅ぎ分け会話しているのだ。犬の本能のなせる業《わざ》である。だがときおり、その脇を、自転車に引っ張られた犬が喘ぎながら走り去る。なんと思いやりのない飼主か。犬の嗅覚欲を知らないのか？ 自転車に乗って楽ちんしながら、ただひたすら犬を走らせ、早々に散歩を切り上げる飼主が疎ましい。

やがてコウスケは北上し、飽きもせずに嗅ぎまくりながら、お定《き》まりのコースを辿る。家を中心にして、半径七百メートルほどが彼の縄張りだ。

途中には、ビー玉を嵌めたような目が特徴のビーグル犬、ギョロちゃんがいる。メスだが広い庭を声高に吠え、走りまわる。コウスケがしっぽを振り近寄るが、ギョロちゃんのお目当ては私のポケットの中のビーフジャーキーだ。コウスケは肩透かしを食う。同じ家のメスのビーグル犬のハナちゃんは、静かに日向ぼっこをしている。幸介が「クークー」鼻の先で鳴きながら関心を引こうと扉の格子の間から鼻面を突っ込むが、ハナちゃんは我関せずといった風情であらぬ方向を眺めている。ビーグル犬は本来気性が荒くかしましいのだが、ハナちゃんは違う。その柔和で飄々としたところがシュルツの漫画に出てくる「スヌーピー」にそっくりで、私も好きだ。だが、ここでまたしてもコウスケは振られる。

帰り道の途中に、ゴールデン・レトリバーの母子がいる。母犬がユウちゃん、男の子が（といっても成犬だが）アイちゃんと呼ぶ。どういうわけか雌・雄、名前があべこべだ。両犬とも友好的で、コウスケは必ずその家の前を通りたがる。たまに家の前に彼等が出ていると、じゃれあいもつれあう。とくにアイちゃんは、まだ一歳を過ぎたばかりだから、遊びたい盛りだ。奥さんと私が引き離そうとしたり、もつれた綱をほどいたり容易ではない。

さらに家の近くまで帰って来ると、とりわけ仲良しのチーズちゃんがいる。やや大型でラブラドールに柴犬のかかったようなメス犬だ。耳の先端がちょっと折れ曲がり、歩くと幼児がおいでおいでをするように、上下にひらひら動くところが愛くるしい。やや細めで、口先が長く、細身を支える四肢は長い。ラクダ色の体毛は短く、全体としてなかなかスマートだ。このチーズちゃんがコウスケを好いてくれている。二匹が出合うと、さあ大変だ。長刀を振るう「奥の局」（チーズちゃん）に向かって、棍棒を手にした「山賊」（コウスケ）が突進するありさまだ。組んず解れつの合戦が続く。呼吸を荒げながらも、気の合ったもの同士の最高の戯れ合いである。

コウスケは、生来、大型犬には滅法弱い。顔を合わすなり、凍結したように直立し体中の匂いを嗅がせ、ときにはひっくり返り腹を見せる。それは犬の世界では、恭順の意を表すことなのだそうだ。大物には刃向かわない。また、小型犬には鷹揚である。すれ違いざま、シーズー犬が吠えたて向かってきても平然と歩を進める。あたかも、（お前はこんな所でわめくしか能がないのだろう！）、といった風情である。

ところが、嫌いな犬もいる。概して同程度の中型犬に対しては敵愾心を燃やす。何が気に入らないのか、三度ほど相手に噛み付きそうになったことがあった。とくに、近くの二木家のゴロちゃん（コロちゃんの次の代）を目の敵にする。道で出合おうものなら、低い唸り声が突如爆発し、飛び掛かろうとする。私は、「ダメ！」と叫び、綱を手繰り、コウスケを両足の間に挿み、口先を強く握る。コウスケは悲鳴のような情けない声を発して矛を収める。ゴロちゃんはきょとんとし、しかし怯えるでもなく、平然と過ぎ去る。さすが純粋柴犬の貫禄だ。惚れ惚れと見送る。

じつは、コウスケの心が読めるような気もするのだ。

（血統書つきのゴロちゃんは生まれも育ちも最高に良い。それに引き換え俺はどうだ。誰の子か分からず、しかも不器量が故に捨てられた……。ちくしょう。セレブが憎い！）

分かる。分かる。温和で従順なこの犬の心の隅に、どうしてこんな魔性が棲みついているのか。どう考えても出自や育ちのせいだとしか考えられない。私は益々コウスケを哀れに思う。半面、よし、親父さんが幸せにしてやるよという気持ちが募る。

博徒の世界に、「一宿一飯の恩」、という言葉があるそうだ。負けが込み無一文になった男を、せめて一晩泊めてやり、朝飯を供してやる。胴元のその恩情に対する謝意、ということらしい。

我が家のコウスケを準《なぞら》えるなら、次のようになろう。

野良犬時代は「無宿無飯」、無情であった。塵芥処理場に繋がれ、太田さんたちから餌を届けてもらった一か月ほどは、まさに「一宿一飯」の情けに浴した。

足を洗って拭く　親父さんは清潔好き
でも後半はかなり手抜きだった

そして我が家に来たら、朝晩二度の食餌をもらい、ときに私の買い物に付き合い、三度の散歩を楽しむ。今や、「一宿二飯三散歩」の日々なのである。

いや、恩を売るつもりはまったくない。

神主の家に居候

コウスケは、独特の語り口で私に話しかける。私が帰ってきたとき、夜食を終えてもなかなか散歩に出ないと、催促するように天井に向かって、「ウ、オオ、オーン」と、吼えるような声を出すのだ。

それは大概、低い音程から高い音程へと移ってゆく。始動したサイレンの音のように滑らかに上がってゆくのだ。よく聞くと、音階のドから始まる。「ド、ド♯、レ、レ♯ー、ミー、ド♯」、と聞こえる。それは、荒野のオオカミの遠吠えに似ている。いやもっと身近な例でいうと、地鎮祭の降神の儀、昇神の儀のときに聞く、神主の、「オーーーー」と尻上がりに上がってゆく、あのおどろおどろしい声にそっくりなのだ。コウスケのこの神主もどき唸り声を最初は奇異に感じた。だがやがて、犬も意思の伝達手段としてオオカミ同様に唸るのだ、と知った。

じつは一つ心当たりがある。前の飼い犬リュウタが、信濃追分で失踪したおりの話である。リュウは、十三日間の放浪の果てに二十キロ離れた小瀬温泉近くの安藤さんの別荘にへたり込んだ。彼は朦朧とした心境で、悲しげに「アオーン、アオーン」と鳴いたのだそうだ。「助けてくれ!」と訴えたのだろう。「ママはどこー?」と叫んだのだろうか。人見知りで寡黙なリュウが、そんな鳴き声を出したのは初めてのことだった。よっぽど切羽詰まっていたのであろう。じつはその訴えが通じて彼は保護されたのだったが……。

リュウに比べると、コウスケはこの唸り声を頻発する。天井を見上げて欠伸をし、その終わりに「ウ、オーン」と発声する。

「おまえさん、欠伸をしながら話すのかよ? 横着な奴だな」

私はコウスケの顔を見つめながら軽く頭をたたく。だが次第に分かってきた。欠伸を利用して空気を吸い込み、息を吐き出しながら「ウオーン」とやるのだ。近頃は呼吸法をおぼえ、欠伸をせずとも、唸れるようになった。しかも息長く。

今では、私が帰宅するなり、幸介は玄関で、「ウ、オオ、オーン」とやる。「お帰りなさい」と言っていると思ったら大間違いだ。「お散歩待っていたよ」なのである。夜食を終え、「さて」と手洗いに立つとまた、「ウ、オオ、オーン」とくる。「早く行こうよ」と、催促しているのだ。

ところが不思議なことに、「腹が減ったよ」、という合図の「ウ、オオ、オーン」はない。空腹であっても、伏せたり寝そべったりして、じっとこっちを見ながら耐えている。普通の犬だったら、「ワン」とか「キャン」とか訴えるところを、この犬は、食餌は耐えるものだと思っている。野良犬生活の数か月間、そしてゴミ処理場に預かりの身となった一か月間、空腹を耐え忍ぶ習慣が身に付いたのだ。食事にありつければ御の字といった様子だ。だがときどき、私は食餌をやるのを忘れてしまう。そして妻に叱られる。

とにかく、飯よりも何よりも好きなものが散歩（外出）だ。これだけは、声を張り上げて要求する。

神主のおどろおどろしい声のこつは欠伸にあり

その日の心のテンション（期待度）によって音階は異なる。たとえば、長い時間私の帰りを待ちくたびれていたとき、挨拶の音階は、「ファ」か、「シ」から始まる。私はわかったよと答えるために、神主の発声よろしく同様の挨拶を返す。この返事で、コウスケは自分の意思が通じたと悟る。ぎょろ眼をいっそう大きくむき出し、耳を後ろに引き、抜けそうなほど尻尾を振りまくり、私にしがみつく。

私の食事時間が長いと、彼はじれったそうに、「ア、オーーー」と訴える。高い音程、たとえば、一オクターブ上の「レ」から音程を下げながら鳴く。いかにも、「まだあー？」と、拗ねるように。私は、「よしよしわかった。わかった」と、答えるつもりで同様に発声して返事をする。コウスケは力いっぱい私にすり寄ってくる。いまや彼は、自信を持って私に語りかけているのだ。

一緒に暮らしていると、犬も人間の言葉が分かるようになる。私が散歩に行けない場合、「ママに連れて行ってもらいなさい。ママ。ママ！」というと、妻の所に跳んでゆく。散歩の途中、「止まれ」というと歩行を止め、「まだ」というとじっと立ちつくしている。車が過ぎ去り、「よし」というと再び歩き出す。

そうはいっても、外出の都度コウスケを連れて行くわけにはいかない。絶えず私の外出時を狙っている彼に、「パパ会社。コウチャン、留守番。番だよ！」と言い聞かせながら教え込んだ。やがて、「パパ会社＝留守番」と承知するようになった。今では、どんな用事で私が外出しようとも、「パパ会社」というと散歩はだめと悟る。「番」という言葉を言う前に、「会社」というだけですべての事情を察知し、さっと身を返す。ベソをかきながらだろうか。恨めしく思いながらだろうか。あきらめながらだろうか。無表情に階段を上がってゆくコウスケがちょっぴり哀れで、その心のうちを慮りたくなる。

さて、散歩から帰ると、私は玄関の上り框《かまち》に腰をおろし、コウスケに「おいで」という。これほど日常的なことながら、どういうわけか彼は警戒するかのように近づく。「あんよ」というと、左の前足を差し出す。こうして四肢を洗い清める。スポンジのような肉球、その内奥の土踏まず、爪の中などを念入りに。あたかも、旅籠の「下足番」が、やれやれとばかりに腰を下ろす「お武家さま」の足を洗うかのように、恭《うやうや》しく丁寧に洗う。最後にタオルで足を拭ってやり、「ブルブル！」と、号令をかける。コウスケは体を左右交互に捩り回しながら身震いし、抜け毛を払い落すと、上り框に跳び乗り、妻のいる居間に走りこむ。やがて水を飲み終えると、二階へと跳び上がってゆく。

コウスケは、この家の何処も彼処も、我が物顔に突っ走り、飛び跳ね、歩き回っている。風通しのよいコーナーや我々のベッドの上で無心に居眠る。時には、応接間のソファーの肘掛けに顎を乗せ、気ままに外を眺めたりもする。

じつは、この家全体が幸介の小屋となってしまったのだ。我々はいわば犬小屋に居候しているようなものだ。しかも、「オーーーー」とのたまう、神主と同居して……。

こんな、厳かでご利益のありそうな日々を過ごしている。

神主の家は井の頭公園に近い
この古い桜の上でお清めをし唸ると絶好調だ

移動カラオケ車

スピーカーからの声がゆっくり、ゆっくり近づいてくる。

「こちらは、廃品回収車でございます。ご家庭で、ご不用になりました、テレビ、パソコン、クーラー、箪笥……、その他なんでも結構です。無料にて、お引き取りいたします」

近年、中古物品の再利用のために、また、金や白金など希少金属の再生のために廃品回収車がちょくちょくやってくる。無料といっても、いざ声をかけるとなるとそうはゆくまい。胡散《うさん》臭くて呼び止めにくい。だが電器屋や区の粗大塵センターに頼むよりも安いかもしれない。

あるとき、クーラー撤去のために呼び止めた。一台二千円だという。聞くと銅線や銅管が金になるというのだ。母親、子供の部屋を含めて七台で壱万四千円であった。ほぼ六時間あまりもかかったが、このときはこちらが得をした。なにせ電器屋に頼んだら四万円は取られただろう。偶然、良心的な業者で助かった。

だがあるとき、母親の残した家具や、子供たちの使い古しの机や本棚、ロッカー箪笥などをまとめて頼もうとした。補修したり洗浄すれば再利用可能なものばかりである。もったいないが、家の大整理のためには仕方がない。すると、「2トントラック一台分二万円でどうですか」と、ふっかけられた。それほどの量はない。断わるのに勇気がいった。相手は無言の強面で立ち去った。面倒だが、杉並区（東京都）の粗大塵センターに一品一品申し込んだ。縦・横・高さの値を申告しなければならず面倒くさかったが、安いのだから仕方がない。

とにかく廃品回収車は、こちらもかなり強《したた》かにならないと相手のペースにはまり一杯食わされる。あまり好感は持てず、よほどのことがない限りスピーカーの声を聞き流していた。

ところが近頃、その呼びかけ声が女性に変わった。そうだろう。皆が胡散臭いおっちゃんの呼び掛け声を敬遠しているのだから。そこで彼らもソフトタッチの戦術に切り替えたようだ。十代と思われる女性の声で、ゆっくりと近づいてくる。

「こちらわ、はいひん　かいしゅうしゃでございます。ごかていで、ごふようになりました、……、なんでも、けっこうでございます。おひきとりいたします」

柔和な声で。ほのぼのとして好感が持てる。

ところが、ところがである。飼い犬のコウスケがこのオネイチャマの声に滅法反応しはじめたのだ。その声が遠くから聞こえ始めると、やおら起き上がり、道路脇の窓際か、勝手口へと歩み寄る。そして、四足を揃え座り、口先を天井に向けて、一息、五秒ほど、「アオオオオーーン」と、鳴く。

最初は奇異に感じた。だが、前の飼い犬リュウタも、消防車や救急車のサイレンに反応して同じように鳴いたことを思い出す。サイレンの異様な音に慄《おのの》くように、遠方の仲間に知らせているような素振りであった。

だがコウスケはちょっと違う。彼は、スピーカーから流れるオネイチャマの声が心の琴線に触れるかのように、いかにも気持ち良さそうに呻るのだ。吠えるではなく、鳴くでもなく、まるで歌っているかのようなのだ。

それもうまくなってきた。ひと声の息が長くなった。発声も一本調子ではなく尻上がりに加速度的に音程を上げ、終わりにちょっと下げる。ときには、力み過ぎか、発声に余裕ができたのか、だみ声も混じる。そのだみ声が、二声《せい》の合唱のようにも聞こえる。小節《こぶし》も利いてきた。しかも興がのると、二声《こえ》、三声《こえ》呻る。

とはいえ、女性の声なら誰でもいいというわけではない。戸締まりや防犯を呼びかけて近づく警察のおネイサンの硬い声には反応しない。不思議だ。あくまでも柔和でゆっくりと語りかける、母性の滲み出た声が良いようだ。

今日も遠くからオネイチャマの声が聞こえてくる。寝そべっていたコウスケはむっくり起き上がり、つつっと窓際に歩み寄る。

「ほら、またカラオケ車が来たよ」

私は忍び笑いをしながら妻に言う。

犬にも歌心はあるのだ。

花を見れば人と同じく唸りたくなるのさ

雷雨予報士補

コウスケは雷神様が大嫌いである。そのせいで、上空で爆裂する打上げ花火もいやだという。それどころか、子供の玩具の打上げ花火までも怖がる。

彼が一歳過ぎて我が家に来たころ、雷神様がお通りになるたびに常軌を逸し、何度も家を飛び出した。その都度首輪に下げた迷子札が役立って、連れ戻すことができた。

最初の脱走はうちに来て半年経った梅雨明け頃であった。その日は私も妻も出掛けていた。雨は降らなかったものの、気象予報によると、西の方奥多摩方面は雷雲が発生するということであった。

予報通りだった。遠雷に不安を覚えたコウスケは、どこからか逃げ出した。居間のガラス戸の隙間から庭に下り、垣根をくぐって道に飛び出したのだろう。迷子札を見た人から妻の携帯電話に、「お宅の犬を捕獲しています」と、いう連絡が入った。我が家から南に三百メートルほど離れた家からで、小学生の坊やについて行ったと言う。外出していた妻はうちの留守電に連絡を入れた。先に帰宅した私は留守電を聞き一部始終を知り、早速もらい受けに行った。だが捕獲から二時間もたっているので、とりあえず交番に引き渡したという。東南方向の六百メートルほど離れた高井戸警察久我山派出所のフェンスに繋がれ、尻尾を振っていた。

二度目も私たちが外出の折だった。こんどは小学生の女の子について行った。やはり交番に通報され、東北方面の散歩コースにある高井戸警察西荻南派出所に留置されたという。行くと、繋ぐところもないので管轄の高井戸警察署に引き渡したと言われた。三キロ先だ。パトカーに乗せられてか？　急遽家に戻り車を走らせた。こういうことはままあるらしい。コウスケは、用意された犬小屋の格子扉の奥で、神妙に座っていた。

三度目も私たちがいないときであった。京王電鉄井の頭線の一つ隣駅の久我山まで遁走したのだ。駅に隣接するスーパーマーケットから、「お宅の犬が店の中に迷い込んできました」という電話が入り、妻が引き取りに行った。この時も駅近くの交番に保護されていた。どうやら、網戸の端を必死に引っ掻き、僅かにできた隙間に鼻面を押しこみ、ぐいと開いて出たようだ。

四度目は夏のある夜、中軽井沢での出来ごとであった。夜、娘を連れ、イタリアン・レストランで食事をし、さて帰ろうと、車に乗り込むとコウスケがいない。咄嗟に子供が上げる花火の音を思い出した。彼はあの軽い炸裂音ですらも嫌いなのだ。換気のために車の窓を十五センチほど開けておいたのだが、まさかそこから……？　しかし事実である。東京の家の周りとは異なり、方角の分らない彼はどうなることやら。私は、前の飼い犬、リュウタの失踪騒動を思い起こし、それまで耳奥を快く圧迫していた美酒の余韻が、瞬く間に消えてゆくのを感じた。

リュウタは十三日間野山をさ迷ったが、コウスケもそれと同じ運命になるのか？　よしてくれ！　じつは彼は、一歳前後のころ捨てられたらしく、野良犬となり、この地、中軽井沢で捕獲された。（だから土地勘は残っているだろうよ）と、あえて楽観的に思う反面、（また元の野良犬生活に戻るのかよ！）という、憐憫の情も湧いてくる。

不安で高まる鼓動に駆り立てられながら捜索を開始した。私は東、妻は南、娘は西を捜すのだと指示し、名前を呼びつつ、近くの人を呼び止め尋ねては、探し進んだ。

私の受け持つ辺りは、家々が東西に続き迷い込む可能性は低い。東のはずれに森林公園がある。脇に雑草の生い茂った川べりもある。この辺りに潜んでいるにちがいない。何度も行き来しながら名前を呼び、口笛を吹き鳴らしたが反応はない。二百メートルも南に行けば国道十八号線だ。車の往来があり、そこまで行く可能性は少ない。振り返る後ろ（北）

は徐々に上る畑地で、隠れ潜む余地もない。

一時間ほど虚しい時が流れ、我々はいったん引き揚げることにした。

翌朝妻の携帯電話に、コウスケを保護しているという連絡が入った。なんと私たちが食事した店からさほど遠くない居酒屋からだった。私たちが急行すると、裏の駐車場でそこの飼い犬と共に繋がれ、五、六歳ぐらいの女の子と戯れていた。

若い店主が語るには、閉店のため、のれんを外そうと扉を開けると犬が座っている。リードがなくお客さんの連れとは思われず、声をかけても立ち去る様子もない。では……と、とりあえず一晩保護したというのである。

察するに、子供たちの打ち上げ花火に怯え、錯乱し、窓の僅かな隙間を必死に潜《くぐ》り、飛び出した。花火が終わり、正気に戻って、さて、元の場所は食べ物屋だったなと思い出す。うろうろするうちに、焼鳥や煮物の匂いがしてきた。バター臭さはないがここだろう。その匂いに引かれてこの居酒屋に辿り着いた。そして私たちが出てくるまで入り口で待つことにした、ということらしい。なんだ、昨夜はこの店の近くまで探しに来てたではないか。藪や林のある方面だと見当をつけていたがゆえに、国道沿いのこの辺りまでは来なかった。自分の浅はかさが忌々しかった。

（そうか、そうか。お前さんにはイタメシ屋も居酒屋も区別はつかないよな！）

私はコウスケの頬を両手で包み、撫でまわした。

ところで帰り際、彼と遊んでくれていたお嬢ちゃんにべそをかかれてしまった。お嬢ちゃんは、この闖入者がすっかり気に入り、飼ってもらうつもりでいたらしい。可哀そうなことをした。でも……、な、ごめんね……。長居をすればなおさら罪作りになる。そそくさと切り上げた。コウスケを探しだした安堵感と、お嬢ちゃんの心を傷つけてしまった悔悟の念とが交錯しながら複雑な心境で帰った。

その後も脱走は続き、延べ十一回にも及んでいる。いずれも我々がいない折だ。目ぼしいあたりを塞いでも駄目なのだ。よしんば室内に居るときでも、雷鳴を耳にすると、うろうろ落ち着かない。抱いてやっても安心せず、すぐに抜け出し、ぶるぶる震えて立ちつくす。どう応対したらよいか途方に暮れる始末だ。

近ごろコウスケは散歩に出る折、よく空を見上げるようになった。五、六秒ほど耳をそばだて曇り空を凝視する。静かな夜空であっても、雷神様の腹の虫の鳴き声も聞き漏らさぬぞ、といった様子でだ。ときには天空で轟音が聞こえると、雷鳴の反響か、ジェット機の爆音かをじっと聴き分ける。轟音がある方角に向かって去ってゆくのを確認すると、ゆっくり歩きだす。

日によっては、家からものの数歩出ただけで、「やーめた」と、言わんばかりに戻ることもある。あるいは散歩の途中、いきなりくるりと引き返す時もある。そういうときは、なるほど西の空は黒く不気味だ。人間には分らない遠雷の重低音を察知するのだろう。

音だけではない。前線通過の折、人間には解らない気象の微妙な変化を察知するようだ。体毛が雷雲（積乱雲）を生み出す上昇気流を感じるのだろうか？あるいは、雷の元となる静電気の発生を感じるのだろうか？　はたまた、耳の鼓膜に微妙な気圧の変化を感じるのだろうか？　動物に備わった危機察知能力のなせる技に違いない。

最近コウスケの行動を観察している

まさか雪が降るとはな　予報不能であった

と、彼の素振りが、「雷雲が発生します」とか、「前線が通過し、激しい雷雨がありますといった、気象予報に符合するのだ。

先日も彼は家を出るなり、曇り空を見あげていた。確かに西の空は黒雲が密集している。でも当地は、雷は鳴りそうもないし降りそうにもない。しかし、彼はそそくさと散歩を切り上げた。

果たしてその夜、埼玉県西部を雷を伴った豪雨が襲い、現地は洪水に見舞われた。

コウスケは、「雷雨予報士」とまではいかなくても、「雷雨予報士補」位の資格はありそうだ。

老いの翳り

　コウスケが我が家に来て十三年経った。来たばかりのとき獣医が一歳から一歳半だと言っていたから、もう十四歳を超える勘定だ。犬の年齢を人間並みに換算すると、最初の一年で二十歳になり、その後毎年四歳ずつ年を重ねてゆくのだそうだ。つまり人間で言えば、いまや古希（七十歳）を過ぎ、後期高齢者（七十五歳）に近づいているのだ。

　容貌が変わってきた。

　当初飛び出したような目の玉は程よく埋まり、歌舞伎役者のような目元の隈取りは薄らいできた。かつて種まき権兵衛さんの髭面のように黒かった口の周りは、白く柴犬もどきになった。太く黒々とし野性味を帯びていた髭は、細くなり白いものも混じってきた。総じて穏やかな愛くるしい顔つきになってきた。すれ違う女の子から、「かわいいー！」と、いってもらえるようになったのだ。

それは良いが、動作が鈍くなった。家の中をのそのそ歩き、妻のソファーの脇やベッドの上、私のベッドの上などで居眠りしていることが多くなった。食餌は、痴呆症の人間同様何度もせがむ。翌朝の散歩まで小用が待てないので、犬用のオムツを着けることにした。

散歩に連れ出すと、家の中同様ゆっくり歩く。妻は、「あなたの不具合な足に合わせているからよ。私のときはすたすた歩くわよ」と、言うがどうだろう。

三年前は早足（トロット）であった。自転車といっしょに走る場合は駆け足（ギャロップ）をしたものだ。だが私の脚力同様、弱ってきたのだろう。かつては一周三〜四キロは歩いたものだが、最近は一キロ半程度となった。以前はまだ帰りたくないといって強く踏ん張ったものだが、この頃は用を足すと踵を返し、そそくさと家に向かうときもある。小用を足すときなど、右後ろ足を持ち上げなくなった。また、残尿感があるのか、いつまでも立ちつくすことが多くなった。

その上耳が遠くなった。以前だったら私がトイレを出てくる音で、（散歩に行けるぞ）とばかり走り寄り、リードの金具の音で跳びついて喜んだものだ。しかし近頃は、居眠りの最中に、「コーちゃん！」と呼んでも、「サーンポ！」と誘っても、聞こえないときがある。だから、少々遠くで鳴る雷の音に気づかなくなったのは幸いだ。しかし散歩中、後方から来る自動車に気づかないのが怖い。神経を遣う。

目も曇ってきた。人間で言えば白内障が進んでいるのだ。だが今のところ歩行に支障はない。

唯一自慢の鼻は大丈夫のようだ。羊羹のように黒く艶やかだった鼻にはまだ湿り気があり、散歩のときは、相変わらず草や土の匂いを楽しんでいる。とはいっても若い頃に比べると嗅覚能力も相当鈍っているのだろう。

しかし反面、こうした身体の衰えに比べると、理解力はしっかりしてきた。長年の共同生活のおかげである。それは人間の幼児の一～二歳程度はあろうか。

当初、長い言葉は無理だろうからと、二語から教え始めた。原始時代の人間も、一語とか二語の言葉からコミュニケーションが始まったはずだ。

私に食餌をねだるときは、「ママ、ママよ」と言って、妻の方を指差す。妻に散歩をねだるときは、「パパ、パパよ」と言って、私のところに誘導する。散歩中、交差路では、「トマレ！」と言うと従う。「ヨシ！」と言うと歩き出す。ゆっくり止まるときは「ト・マ・レー」そして「ヨー・シ」だ。

傑作なのは私が外出するときである。どこに行くのも、「パパ、カーイシャ。コウチャン、バン。オルスバン」と言うと、すごすご居間の方へ引き返す。（残念！）と思いながらか、（畜生！）と叫びながらか、べそを堪えながらか……。後ろ姿がちょっぴり可哀そうだ。

悪いことをしそうになった場合や、要求にこたえられないときは、「ダメ！」と言って、両腕を交叉し×を作る。褒めてやるときは、「オーヨシ、ヨシ」と顔を抱え、喉を思いっきり撫でてやる。コウスケは頭上に手が行くと目を瞬かせ首をすくめる。打たれはしないかと不安なのだ。おおかた犬はそうだろう。だから、頭は撫でないことにしている。

私が書斎兼寝室に入ると必ず入ってくる。忠誠心とも思慕心とも感じられ嬉しい限りだ。ベッドに跳乗るとタオルの敷いてある上半部に伏せる。以前は下半部の捲り折った掛布団に乗り、砂を引っ掻き窪みを作るかのように布団を乱し、その中に蹲《うずくま》ったものだ。これは堪らないと仕込んだ結果、今では黙っていても指示通りの場所、ベッド上半部に敷いたタオルの上に横たわっている。もっとも私のいない間に入ったときはこの限りではない。以前の狼藉が出るようだ。布団の乱れ具合で判る。ちゃっかりしたものだ。でも本能のしからしめるところだから仕方がない。

私の脚が具合悪くなり、妻にも散歩を頼むようになった。じつは二年前（二〇一六年）にコウスケと散歩中、道路の段差を踏み外し、右足首を骨折したのだ。そのせいで未だ右脚全体が不自由である。これをきっかけに主人の地位が逆転したようだ。飯をもらい散歩に連れ出してくれる妻を主人と思うようになった。

だが主人のニュアンスは少々異なる。妻の場合、母性に甘える対象の主人のようだ。ねだり事をするときの甘え鳴きで判る。妻は幼児の甘えと錯覚する。

では、私を見限ったのかというとそうでもない。長い間の生活で、私は絶対君主として刷り込まれているようだ。秋田犬ほどではないにしても確かな忠誠心を持っている。

老いの翳が差してきたとは言え、このように理解力だけは年の功で、なんとか我々と意思が通じ合うようになっている。

それにしても、いつまで生きるかなと、妻と話し合う。

「コウチャンの方が先か、あなたの方が……」

「彼を見送ってから彼の世にゆきたい

寝るより楽はなかるべし　憂世のばかは起きて働け（古諺《こげん》）

のだが……」

私自身、足の不具合が体力を落とし、気力を削ぎ、すっかり老人っぽくなってしまった。コウスケの「老いの翳り」などと気楽に話している柄ではない。

近頃、私とコウスケとどちらが長生きするかと、競い合う日々月々が続く。

功徳を施してやるつもりで里親になったが、よくよく考えると、長生きの気概を貰う私こそ、コウスケから功徳を施されているのである。

著者略歴

山田義範（やまだよしのり）

1935年東京都生まれ　杉並区在住　銀行員を経て　1990年（社）日本随筆家協会（現在解散）会員　1995年（有）高遠書房設立に参画し季刊誌「文章歩道」に執筆（筆名　矢又由典）傍ら同誌の編集業務に携わり現在に至る　2010年季刊誌「ぺんぷらざ」同人

愛犬三代　愉快三昧

2018年12月25日　第1刷

著　者　山田義範
編　集　後藤田鶴
装　丁　ブルームデザイン　長沼宏
発行所　高遠書房
〒399-3104 長野県下伊那郡高森町上市田630
TEL0265-35-1128　FAX0265-35-1127
印　刷　龍共印刷株式会社
製　本　株式会社渋谷文泉閣
定　価　本体1,300円＋税

ISBN978-4-925026-50-5 C0095